认知破局

**打破认知局限
驱动终身成长**

刘颖 ◎ 著

江苏凤凰文艺出版社
JIANGSU PHOENIX LITERATURE AND
ART PUBLISHING

图书在版编目（CIP）数据

认知破局 : 打破认知局限，驱动终身成长 / 刘颖著
. — 南京 : 江苏凤凰文艺出版社 , 2024.6
ISBN 978-7-5594-8291-4

Ⅰ . ①认… Ⅱ . ①刘… Ⅲ . ①成功心理 – 通俗读物
Ⅳ . ① B848.4-49

中国国家版本馆 CIP 数据核字 (2024) 第 008616 号

认知破局：打破认知局限，驱动终身成长

刘颖 著

责任编辑	项雷达
特约编辑	郭海东　陈思宇
装帧设计	异一设计
责任印制	杨　丹
出版发行	江苏凤凰文艺出版社
	南京市中央路 165 号，邮编：210009
网　址	http://www.jswenyi.com
印　刷	北京永顺兴望印刷厂
开　本	880 毫米 × 1230 毫米　1/32
印　张	7
字　数	148 千字
版　次	2024 年 6 月第 1 版
印　次	2024 年 6 月第 1 次印刷
书　号	ISBN 978-7-5594-8291-4
定　价	42.00 元

前言

央视著名主持人白岩松说过："一个人的收入是和自己的不可替代性成正比的，你只有拿出的东西和别人不一样，成为人群中不可替代的那一个，你才有可能脱颖而出。"是的，大千世界，芸芸众生，一个人想脱颖而出，谈何容易？

在如今这个发展迅速如白驹过隙的时代，没有点儿能力，还真是不好生活。因此，我们需要定期给自己来一次能量的"升级"，去突破当前能力的天花板，只有这样，才能让自己变得越来越有能力适应当前的时代。

有句话说得好："你永远也赚不到自己的认知能力之外的钱。"是的，你所赚的每一分钱，都是你对这个世界认知的变现！因此，人与人之间的差别，不在于起点高低，而在于"认知"。一个认知层级不够高的人，在人生的成长道路上，不可能胜过那些认知能力超越他的人。

老子说："知人者智，自知者明。"因此，对自己的思维过程，对自己的认知能力，一定要有清晰的了解与认识，做一个人间清醒的人，才能让自己的人生实现第二次飞跃。

有些人总能一语中的，一下子就能洞察到事物的端倪，道出事物的本质，看透事情的真相，从而一瞬间就能找到解决问题的最佳方案。这样的人才是能力真正强的人。

阿里创始人马云有句口头禅："倒立看世界，一切皆有可能。"是的，只要你敢于颠覆过往的陈规滥俗，打破从前的陈旧思维，重新升级自己的认知能力，就没有什么事情是不可以改变的。

特别是在竞争日益激烈的今天，生活中每天都充斥了大量错综复杂的问题，我们只有打碎"认知障碍"，突破"心理定式"，纠正"认知偏差"与"模糊不清"的观点，才能跳出纷纭的琐事，才能摆平杂乱无章的生活。

本书从突破心理定式、推倒惯性思维的墙、一眼看透事物本质、调节认知体系、提升硬件系统、逆向思维训练、唤醒元认知能力等几个方面的内驱能力升级，帮你建立起新的思路模型，拓展出新的人生发展途径。

因此，我们要敢于给自己的思维破圈，给自己的认知迭代，驱动终身成长，开发无限潜能，尽快实现人生的第二次飞跃！

目 录

第一章　了解心理定式效应，打破认知天花板

你为什么很难突破自我：思维与认知　/003

我哪儿去了——认知模糊怎么办？　/009

认错妈妈的孩子——认知偏差怎样纠正？　/015

爱屋及乌——晕环效应如何化解？　/020

刻舟求剑——定式错位如何突破？　/025

第二章　认识思维定式，推倒惯性思维的墙

什么是思维：自作聪明的贼——思维与心理活动　/033

"鸟笼逻辑"——惯性思维的四种类型你占了哪种？　/036

你为何习惯说没办法：否定性思维　/042

你为何觉得都是别人的错：借口思维　/047

你为何总是没有准备好：逃避思维　/052

你为何总看不到机会：抱怨型思维　/057

认知觉醒：推倒惯性思维的墙　/062

第三章　学会看透事物的本质，不要跟着直觉走

常见的认知歪曲，你中了几个？　/071

你思考了吗，自己是跟着直觉走吗？　/076

如何看透事物本质？需要这种能力　/080

创造属于自己的概念，才不会盲目　/086

只有认清真相，才能不偏不倚　/092

第四章　认知体系调节：重新建立自己的认知模式

为什么知道很多却依然过不好？　/099

真的漂亮吗：他人眼里的自我　/104

突然的领悟从何来：思维调整　/109

学会建立新的认知模型　/113

别再用智商衡量自己的认知　/118

用思考进化原始大脑功能　/123

掌握认知实现的三项能力　/128

第五章　提升硬件系统：升级有深度的认知能力

把篮筐的底去掉——开发创意思维　/135

明白知识付费不是智商税　/140

找到助你实现认知迭代的要点　/144

只学习对自己有价值的知识　/149

认知升级：高效阅读经典书籍　/152

写作是知识留存的最好实践　/157

第六章 逆向思维训练，转身柳暗花明

欺硬怕软——逆向思维与奇迹 /165

突破"贫穷"思维的局限性 /171

换个角度想问题，结果大不同 /175

学习哲理，让思维不断升级 /178

让他人信服，多用亲和思维 /183

开启头脑风暴，多用交叉思维 /187

第七章 唤醒元认知能力，让你飞一样成长

使用 VRIO 模型，让自己脱颖而出 /193

认知觉醒，助你成为沟通的高手 /198

思维升级，让你在职场里快速晋升 /202

人间清醒，让个人的行动价值最大化 /206

高效认知，让你飞一样成长 /209

唤醒元认知，实现人生第二次飞跃 /214

第一章

了解心理定式效应，打破认知天花板

要知道，一个人该干什么，一件事该怎么去做，认识自我是最重要的。

你为什么很难突破自我：思维与认知

生活中，常常有人觉得自己的工作停滞不前，打拼多年，事业仍然没有起色，收入勉强维持生活，没有发展，没有成功，从而觉得人生无望、生活没有意义。

其实，许多成功人士也都是经历过挫折和黑暗时期才取得成功的，他们之前大都与我们一样，都是普通人，怎么就成功了呢？

其中的原因，除了一些客观的因素外，还与个人的思维与认知能力有很大的关系。有句话说得好："你永远也赚不到自己的认知能力之外的钱。"是的，你所赚的每一分钱，都是你对这个世界认知的变现，之所以我们没有成功、没有富裕，主要原因就是我们对这个世界的认知不够或是有缺陷，对自己的思维进行了自我设限。比如：

　　某高校学生，专业学的是理工科，毕业时各科的成绩学得都还不错，但他不善于自我表达和与他人交流。每当学校举办一些团体活动或即兴演说的时候，他总是避而远之，从来都不敢去尝试。在找工作的时候，由于将之前的认知局限于"自己学的理工科专业就只得找这类的工作"，他完全不愿意也不敢尝试其他领域的工作，只是在本专业完全对口的方向找，这使得他很久都未找到合适的工作。由于社会与时代的变化，他的同学们凭着上学时的生活实践与积累，大都实现了自我突破，他们分别在设计、推广、机关、咨询、金融等各行各业任职了。

由此可见，一个人一旦存在自我设限或认知缺陷，就很难突破自我。不能突破自我，就很难成功。自我设限与平时的思维方式有很大的关系。所谓"思维"，就是人脑对客观事物的本质属性和内在规律的反映。没有思维，人类就没有智慧，就没有认知的能力。有了思维，人被苹果砸了就会想到"万有引力"；有了思维，人类就能创造出千万种自然界不存在的东西……因此，人的认知能力是在思维的作用下产生的。

那么，思维一旦运作迟缓或掉进惯性里，就常常会使人在认知新的事物时产生一种定式效应——以一种已有的固定看法为根据，从而去认知一个新的社会事物。这种认知状态，叫"心理定式"，如俗话中的"想当初""以前都是这样""还按老黄历办事"等情况。这种思维模式，就是自我设限。

一旦自我设限，人的认知能力与行为就会受控制。一旦被世俗或陈旧的观念控制，就很难再有新的发展。这时，我们若想有所发展，就要先突破自我，勇于打乱之前固有的思维，敢于自我挑战，学会用新的眼光去认识身边的事物，以防定式错位形成，只有这样，才能成为更好的自己。比如：

> 被称为"篮球之神"的迈克尔·乔丹，据说就差点因为自我设限而毁了前途。众所周知，乔丹小时候非常喜欢篮球，梦想着能以此为职业。但是，他却有一个巨大的短板——个子矮小，因此在他所求见的所有篮球教练之中，没有一个愿意给他机会。好在一个熟人给他做引荐，让他进入了一家篮球训练营，他非常珍惜这个机会，进行刻苦的训练，于是他很快引起了教练的关注。但是，后来在挑选队员的时候，出于身高的原因，这位教练也没有选择乔丹加入自己的球队。这令乔丹非常失望，他十分绝望地回到家中，被自我设限控制，颓废了好长时间。
>
> 后来，在父亲的引导下，他重新振作，去请求教练同意他随队看球。为了能重回球队，乔丹非常努力地练习篮球技能。最终，球队大门向他敞开，他如愿成为 NBA 职业球员，并一路走向人生的顶峰。

因此，要想成为更好的自己，就要先突破自我。尤其是遇到瓶颈时，自怨自艾是没有用的，别人也是靠不住的。只有自己从泥淖中爬起来，才能救赎自己。

要敢于打破世俗观念，敢于挑战自己。这时候既要有勇气亦要有智慧，就像学了几十年的数学，突然有人告诉你 1+1 不等于 2 了，你肯定接受不了，你开始反驳与自我怀疑，不知道谁对谁错。这时你就很难迈开新的步伐，因为你的思维停留在几十年前的世俗观念里，并没有形成自己的独立思维体系。其实，人的一切感知无不与人的"思维能力"紧密相连，它决定了人的辨认、分析、认可，包括智慧的能量等一切活动程序。因此这个"功能"稍微出现故障和差错，就会形成人类不合常规或愚蠢可笑的行为与现象。比如，曾有这么一个笑话：

古希腊有一位思想家，在一次大会上，回答"什么是人"这个问题时，不假思索地把"人"说成"无毛的两足动物"。没想到，这时立即有人把一只公鸡身上的羽毛全部拔光，然后指着公鸡对众人说："大家都看看，这就是他们家的'人'！"

可见，错误的认知不但会影响自己的发展，它还是一种不可理喻甚至愚蠢的事情。所以，千万不要限制自己的思维，因为当你在自己的心里默认一个"高度"时，那么这个"心理高度"就会经常暗示你：这件事情我是没办法做好的，差不多就可以了。如此你还怎么能有更高的发展呢？因为这种心理暗示，暂时维护了你的自我价值感，同时剥夺了你"往上再走一步"的成功机会。

思维在人类的认识活动中起着重要的作用。在我们看得见、摸得着的东西的基础上，通过一定的思维能力，我们可以深入之前那些看不见、摸不着的东西当中。因此，思维能够掌握事物的深邃特性，以及它们之间的相互关系和联系的知识。就像法国思想家帕斯卡说的：

人不过是一株芦苇，是自然界中最脆弱的东西；可是，人是会思维的。要想压倒人，世界万物并不需要武装起来；一缕气，一滴水，都能置人于死地。但是，即便世界万物将人压倒了，人还是比世界万物要高出一筹；因为人知道自己会死，也知道世界万物在哪些方面胜过了自己。而世界万物则一无所知。

可见，人之所以高于其他一切事物，就是因为人类拥有思维这种能力。而我们也正是借助于思维能力的运作过程，才得以实现对客观事物、过程等的由此及彼、由现象到本质的一系列辩证与认识的转化，才形成了一定的认知与概念。因此，提升思维能力，塑造良好的思维方式，才有助于获得正确的认知。没有正确的认知，又怎么能战胜自己、走向成功呢？所以，一定要敢于自我突破，敢于超越现在的我，才能迈向一个新的我。比如：

一位美丽有才、暖心励志的九零后女主播，全网拥有3500万粉丝。2017年她的新书在某平台上线后，短短几个月就累计销量突破了20万册，创下了该平台图书销量的最高纪录。对于她的成功，大家无不赞叹，但殊不知，她曾经有一份非常安稳与体面的工作——中央人民广播电台主播。但入职一年多之后，她果断辞职，创办了自己的电台，并取得了巨大的成功。当媒体问她："是什么让你有勇气从体制内离职创业呢？"她是这样回答的："从中央人民广播电台离职时我才23岁，打拼几年后就算失败了，我还可以从头再来，这时候再找新工作还可以带着所有创业的经验，所以我不认为会找不到类似中央台的工作。"

瞧，这话包含着多么大的底气以及对未来的美好展望！她的这种底气无不是来自一种无所畏惧的自我突破，才成就了她辞职后短短3年——26岁，就做到全平台60亿播放量。因此，打破困局最好的方式，就是不要给自己的思维设限，不要把自己困在以往的认知里，而要有勇气迎难而上，敢于突破自我，敢于挑战新事物，敢于重新诠释自我。

我哪儿去了——认知模糊怎么办？

哲学家苏格拉底说"认识你自己"，对此可能有很多朋友会说："谁不认识自己呀？"其实，我们想真正认识自己并不容易，因为常言说："旁观者清，当局者迷。"

因此，我们都是认识别人容易，认识自己却不容易，这是大多数人的真实写照。因为我们的眼睛长在前面，对自己的行为举止往往视而不见；别人的行为对错经常摆在我们的眼前，我们总能看得清清楚楚。苏轼《题西林壁》写的两句诗："不识庐山真面目，只缘身在此山中"，就是对这种情况最好的说明。由于身在其中，我们对自己的过错，常常既看不见，也不容易感觉到。如此一来，我们也常常容易对事物的认识产生误解从而形成模糊不清的概念。比如，下面这个可笑的寓言故事：

在古代，有一个年纪大的衙役，他一个人押送一个和尚到很远的地方去服役。不知道是年龄大了，还是天生脑子就不好使，这个衙役做起事情来总是犯糊涂，而且记性也不好。

但是，他的工作态度还是非常认真的——每天早晨上路之前，为了防止遗忘事情，他都把所有的东西清点一遍。比如这天，他先摸了摸押解和尚的官府文书，之后对自己说："文书在。"他又摸了摸自己的包袱，对自己说："包袱在。"接着，他拍了拍自己的胸脯说："衙役在。"最后，他走到和尚身边摸了摸和尚身上的绳子和和尚的光头说："和尚与绳子在。"清点完之后，他才放心地上路了。

就这样一连几天，老衙役每天早晨都清点一遍，确定什么都不缺才放心上路。可是他这个习惯性的行为却被和尚看在眼里。于是他灵机一动，觉得自己有机可乘——这天晚上，他们俩在一家客栈住下。吃饭时，和尚向衙役劝酒："长官呀，这几天你看管我这么辛苦，我要多敬你几杯。"老衙役："差事在身，怎敢贪杯？"和尚："无妨！我这么老实您不用担心，并且您也不用这么辛苦，因为再有一两天我们就顺利地到达地方了。到时候您回去交差，因押送我有功，上级一定会重重嘉奖于您，如此值得庆贺的事情不值得多喝几杯吗？"

听了和尚这话，老衙役非常高兴，他接过和尚的酒杯，喝了一杯又一杯，直到喝得烂醉如泥。和尚找来一把剃刀，把老衙役的头发都给剃掉了，之后他解下身上的绳子，绑在衙役的身上，然后就逃跑了。第二天早晨，老衙役酒醒了。他睁开昏花的老眼，迷迷糊糊地开始例行每天的公事——清点物品：

　　他摸了摸文书，说"文书在"；摸了摸包袱，说"包袱在"；摸了摸了绳子，说"绳子在"；摸……"和尚……咦，和尚呢？"老衙役惊慌起来，他想：有绳子，怎么没和尚呢？忽然他从面前的镜子里看见了自己的光头，于是伸手摸了摸自己的脑袋，开心地说："哦，原来和尚在这儿呢。"不过，片刻之后，他又迷惑了："和尚与所有的物品都在，那么我自己呢？我哪儿去了？"

　　上面这个故事，显然有些夸张，生活中不太可能有如此糊涂的人，除了精神失常的。但是，我们也要提防自己犯那些五十步笑百步的错误，因为此类事情时有发生——越是那种不如别人的人，越是喜欢嘲笑别人，他们看不清自己的缺点，也看不到别人的长处，从而认知模糊，观念不正。是的，我们也往往不能保证自己在任何时候都是绝对正确或绝对清醒的。

　　于是，生活中，常有一些人像老衙役一样自我认知模糊，总是连自己和别人都分不清楚，并且还非常自恋，喜欢被别人捧高，也就常常容易被别人虚伪客套的赞美与过度的自负迷惑，从而犯下大错。

　　因此，中国便出现了一句至理名言："人贵有自知之明。"是的，能了解他人的人是智慧的，能了解自己的人才是明智的。这句话来自老子的《道德经》："知人者智，自知者明。"认清别人是一种智慧，认清自己这才是最聪明的、最难能可贵的。心理学研究也表明，一个人只有认识了自己，才能清楚地了解自己是个什么样的人，也才能对自己做出恰当的评价。比如，战国时期赵国将领赵括的故事：

　　赵括是赵国名将马服君赵奢的儿子，受父亲的影响，他从小就熟读兵书，对一些兵法战略也颇为了解，于是便认为自己在带兵征战的理论上无所不知，在他的自吹之下也就名声在外，再加上其父的名号也使他备受世人的称赞。那么，年纪轻轻的他就一下认定："老子打仗天下第一。"对此，赵国君王便提拔他为统师三军的大将军，去与秦国交战。然而，没想到赵括却只是纸上谈兵之人。他不但缺乏战场经验，还不懂得灵活应变，一向自大的他，对手下将领的谏言更是听不进去。因此，一味妄自尊大的他只是一板一眼照着兵书中的方式去打仗，而不知道根据实际情况用兵。结果，开战还没几天，就被对手困在一个叫"长平"的地方而无法逃脱，最后一败涂地。要知道对方可是经验丰富又足智多谋的秦国老将——白起，如此，赵括带领的几十万大军也只有被秦军坑杀的份儿了。

　　看了上文赵括的故事让人感到可悲可叹，这样的狂妄自大，别人夸得越多，他的狂妄之心就越膨胀，直到觉得天下容不下他了，谁也不如他，自然也就走向了灭亡。这就是自我认知不清的严重后果。

　　要知道，一个人该做什么，一件事该怎么去做，认识自我是最重要的。而没有自知之明的人，往往不知道自己能力如何，自己到底能做什么。他们就像盲人骑瞎马一样，不清楚自己的思想、行为，也不知到底该往哪个方向去，从而犯下一系列的错误甚至无法弥补的过失，就像赵括一样令人唏嘘。

那么，赵括为什么会这样蛮干？其实这都来源于他的自我认识。因此，很多时候由于主、客观条件的限制，我们往往不能客观地、如实地认识自己，这样也就难免会过高或者过低地估计了自己，从而酿下大错或做出一些让人啼笑皆非的事情来。可见，如此模糊的自我认知，多么可怕；一个人能清醒地认识自己、对待自己，是多么重要。

其实，我们对这个世界的认识，就是从对自我的认识开始的，而自我认知的能力如何，则影响着我们对周围世界的适应能力。很多时候，认知水平的差异，还会导致沟通过程的巨大鸿沟。因为沟通的时候需要通过讨论和交流的方式，来拉齐大家之间的认知标准，否则，你讨论的事情，就是鸡同鸭讲，不但不能说服对方，还往往会不欢而散。所以正确的认知会使一个人在群体中的行为得体；一个缺乏自知之明或自我认知模糊不清的人，常常会遇到一些本可避免的挫折。

那么，认知究竟是什么？其实，认知不仅仅是从哲学上来讲，它还可以结合心理学来分析，从而更实际科学地去理解我们的行为。清醒的认知不但能让我们成为一个德行完整的人，从而去关注自己潜在的精神德行，还能帮我们挖掘行为背后更深层次的个体欲望。因此，自我认识正确，就能在心理上有效地控制自己，使自己的行为恰到好处。以下两点有助于我们塑造正确的认知能力：

摆正自己的位置。正确认识自己，找准自己的方向，才能有所成就。比如：

幽默讽刺大师马克·吐温，年轻时非常想当商人，他投资过出版业与打字机行业等，结果不仅没有赢利还被人骗走几十万美元。在他不知该怎么做的时候，妻子深知他没有经商的才能，却有文学天赋，于是就鼓励他去做文学创作。马克·吐温听从了妻子的建议，最终成了一个著名的文学家。

可见，一个人对自己的能力有一个客观估价，认清自己的优势与劣势，再摆正自己的位置，就不难走向成功。

因此，请学会保持自知之明。一个人只有了解了自己，才能去了解别人，才能将事情做得恰到好处。但了解自己的前提是要有准确的"自知之明"，才能保持平常的心态。才能克服困难，柳暗花明又一村。比如：

英国诗人济慈，为了生活，年轻的时候曾想放弃文学创作，而去跟一个医生当学徒。但一段时间之后，他发现自己对学医根本不开窍，这时他就当机立断，全身心地去创作去写诗，最终成为著名的诗人。

事实胜于雄辩，聪明的人都知道：与其临渊羡鱼，不如退而结网。做人要有自知之明，且不可不懂装懂，做事之前要认清自己，量力而行，才能抵达成功的彼岸。

认错妈妈的孩子——认知偏差怎样纠正？

可以说，世界上每个人都有自己的认知范畴，也就是每个人都有一个属于自己的认知体系标准。那么，这个范畴，就决定了一个人自己的认知能力范围与思想观念。并且，人们也都更容易认可与接受自己原本就相信的观点，而喜欢把刚成立的或反面观点搁置在一旁，如生活中往往有些男性认为女司机不安全。因为相对来说，女性不擅长开车，她们更容易造成交通事故，所以每当有交通事故与女司机有关的时候，他们的心里便会想当然地认为"果然如此啊"。

男性之所以认为"女司机不安全"，其实就是认知的问题，说白了，就是认知偏差造成的。所谓"认知偏差"，就是人类对世界的认知与真实世界运行的偏差，是从局部的角度观察真实世界运行而产生的认知盲区。如果说认知决定了一个人的最终成就，那么，巨大的认知差距，则会带来完全不同的命运。而认知偏差又与心理学中的"刻板印象"息息相关，在刻板印象的影响下，很多人就往往会产生"以偏概全"的认知观点，下面用一个小故事来说明这种情况：

　　小樱是个刚一岁的宝宝，一天姥姥和妈妈带着她去逛商场，妈妈想去试一件衣服，就由姥姥看护着。这时一个与小樱妈妈年龄、身高、样貌相仿，连穿的衣服样式和颜色都很接近的女子走了过来。小樱以为是妈妈回来了，就喊着："妈……妈。"张开双臂让人家抱。姥姥并未阻止，而是笑着轻声对女子说："这孩子把你当成她妈妈了。"女子看着她可爱的样子，笑着将她抱了过来。时间不长，小樱的妈妈试完了衣服走了过来，看着自己的宝宝跟一个陌生人那么熟悉，起初还有些纳闷。小樱姥姥小声示意是孩子把人家错认成妈妈了。妈妈笑着与抱自己孩子的女子打招呼，并示意她不必揭穿真相。这时，妈妈也站到了孩子面前，小樱看着站在身边的亲妈妈与抱自己的妈，一下子蒙了。

小樱仔细分辨了一下，最后才搞清楚，原来抱着自己的不是妈妈。终于，伸手向"真妈妈"求抱了。

其实，孩子认错妈妈，是情有可原的。毕竟孩子的认知能力还不够成熟。因此，当他们看到大概相似的物品时，可能就会觉得这是自己熟悉的东西，由于还不懂得再三思考，便产生了熟悉的就是亲近的这样一种错误的概念。

是的，孩子认错妈妈也是经常发生的事情，其实也不怪孩子，毕竟大人也会经常认错人嘛。所以，生活中很多人有"认错人"的时候，怎么会认错人呢？这就是我们的认知能力出现了偏差。并且，认知偏差几乎是人类无法避免的知觉能力，因为人类受自己的生理局限与思维局限而看不到真实的世界。但是，认知偏差却不是完全相同的，它有"认知偏差"程度很低与"认知偏差"程度极高之分。

　　像马云与股神巴菲特这样获得极大成功的人，他们经常能做出与真实世界的运行规律相同的判断与决定的思想行为，所以他们的认知能力是很强的，"认知偏差"是很小的；而那些经常做出与真实世界的运行规律相违背的判断与决定的人，他们的认知能力就很差，他们的"认知偏差"也是很大的。由于这种观点只是对某群体的非本质特征做出的概括，因此就会形成偏见。

　　其实，"认知偏差"很大的人，与他们平时的思维习惯有很大的关系——刻板印象，就是内心有个一贯的看法，不容易打破。

　　这种刻板印象，就是人们对某个社会群体形成的一种概括和固定的想法，会不知不觉地将职业、民族等特征在头脑中的轮廓定型，当看到一个人时，常常会不自觉地按其年龄、性别、职业、民族等特性对他进行归类，比如，我们通常认为：北方人是豪爽热情的，南方人是灵通精明的；商人是奸诈狡猾的，教授是白发苍苍的，会计是斤斤计较的，教师是文质彬彬的；男人是果断强悍的，女人是温柔体贴的……

　　但是，这种无知觉地人为定型，只是一个大体情况，包含着很多不确定因素，所以它也是极为不准确的，比如：

　　　　当我们在网购的时候，大多数人会根据一个商品的销量以及评价来决定是否买这个东西。当看到一种商品销量极高，一个月达到了十多万，而且它还有着清一色的好评，那么，这时候很多人往往就会产生要下单的欲望，且不论这件东西是不是真的好用，自己是否真的急需它，内心就是会涌起一股想购买的冲动。

其实，这种情况就是"盲信大众偏差"，这也就是大家常说的"从众效应"，就是上面的例子，看见大家都在买某商品，于是自己也想买了。这种情况与股市中不断被割韭菜的股民有些相似，在不能正确认知的情况下，不断地购买就为自己带来无止境的损失。而像巴菲特这样"认知偏差"很低或几乎没有的人，他们的每一次高强度的认知产生的判断与决定，都会为他们带来极大的回报，那么，在时间的复利效应下，贫富差距就产生了。

此外，人们大都倾向于捍卫自己现有的观点，而去自觉地抵制那些不同的看法。于是这就产生了另一种认知偏差——确认偏差，它是一种很可怕的认知行为，往往使人一不小心，就会陷入某种错误的认识中，不愿意清醒过来，比如：

> 女朋友与你分手了，所以你就从心里认为，分手的原因是对方不够爱你。那么，这时候，你往往就会在生活的细枝末节中寻找对方提出分手之前不爱你的"证据"，比如一次约会时，她对你的脸色不好看；一次微信联系时，她没有及时回信息；一次吃饭时，她没有点你爱吃的菜等。而你却不会去想，她的脸色不好看可能是身体不舒服，她没有及时回信息可能是没看到等。因为这时候，你的潜意识里已经认定，女朋友不爱你的"事实"，忽略了其他。

　　因此，确认偏差会使人去选择只对自己"有利"的事物，而忽略和自己意见不一致的事物，从而不自觉地去找所有能够佐证自己论断的证据，甚至扭曲事实也在所不惜，只要能用来支持自己的看法就是对的，因为这时的你只愿意看见自己想看见的。如此循环往复，你自然会失去很多生命中很重要的东西，从而影响你的一生。

　　如果想减少或避免认知偏差带来的损失，降低"认知偏差"的行为是关键。首先要承认自己的无知，并要舍弃无意义的傲慢。

　　一个真正智慧的人，会勇于承认自己的无知，并且还会拒绝接受使自己陷入自我封闭的知识或思想。平时要使自己保持一种开放的心态，让自己时常打开对外界的知识接口，才能接受新知识，学习新事物，不至于沉浸在自己想象的世界而忽略一些实际的东西。

　　此外，敢于舍弃自己骨子里的那种无意义的傲慢，如自负、自恋、狂妄自大等，从而不断获取真实的反馈，以助自己不断地学习成长，从而获得真实反馈与行动的微调效益，来降低或化解自己的认知偏差，从而提高准确全面的认知能力。

爱屋及乌——晕环效应如何化解？

当前社会中很多年轻人都有偶像崇拜心理，对自己喜欢的明星人物几乎达到了"爱屋及乌"的程度。我们知道，一个明星的戏演得好，得到了大家的喜欢，这是无可厚非的，但是他的一些年轻的"粉丝"却把他"神化了"，于是便将他当没有任何缺点甚至是无所不能之人来崇拜。说起"爱屋及乌"这个词，它最早来源于商朝：

商朝末年，纣王残暴无道，失去人心，周武王在军师姜太公、弟弟周公、召公的辅佐下出兵讨伐纣王。两军交战时，纣王的军队倒戈，使周武王很快占领了都城朝歌。这时，周武王问姜太公："进了殷都，对旧王朝的士众怎么处置？"姜太公说："我给你两个建议：一是如果喜爱那个人就连同他屋上的乌鸦也喜爱，宽容他的一切；二是如果不喜欢那个人，就连带厌恶他家的墙壁篱笆，杀尽全部敌人，一个也不留下。"周武王听了，就选择了前者——爱屋及乌。

由此可见，"爱屋及乌"的含义就是我们喜欢某一个人就连同他的屋子和栖在屋上的乌鸦也喜欢。我们知道乌鸦长得很丑，还呱呱乱叫，几乎是没人喜欢的。可是，由于喜欢主人，就喜欢了他的房子与栖在房子上的乌鸦，那么，这种心态就是形成了一种情感上的偏执——认知偏差。

这种偏差常出现在我们的生活中，心理学上叫"晕环效应"。其意思是说，一个人在判断其他事物的时候，容易犯一些以点代面、以偏概全的错误，比如，由一个缺点推及所有缺点或是由一个优点推及所有优点，而不能够就事论事、将事情分开来看。就像下面这个故事：

> 公司里刚入职一名女员工，她叫小婷，小婷不但人长得年轻漂亮，而且嘴巴很甜。到公司不久，小婷就常常被一群男同事围得团团转，大家都觉得小婷很好，也都很喜欢她。可是，公司的领导却总是批评小婷，嫌她工作不认真，没有将自己的工作做好。原来小婷的工作能力并不强，所以常常不能胜任领导交代的工作。但是，公司里年轻的男同事们则私下里纷纷为她鸣不平。

这就是"晕环效应"，只看到对方的一个优点，就推及其他优点，认为对方是完美的。就像上述故事里的男同事们，他们的第一印象都被小婷的外表吸引，心中便产生了晕环效应，在这个效应的作用之下，他们看不到小婷的能力缺陷及工作不认真的态度，一味地认为年轻漂亮的小婷方方面面都是优秀的，为了维护她竟然私下为她鸣不平。殊不知，在美丽的外表下，小婷还有很多缺陷，这就是因认知能力不够所犯下的错。

说实话，不光这是公司里或年轻人会犯这样的错误，就我们的日常生活中也经常会有这样的错误现象发生。比如，看电视的时候，我们往往会经常看到某些广告的出现，这时候由于一贯厌烦广告的心理，就会想："这种广告真是无聊，总是费尽心机地想骗人的钱。"而我们根本没有去想这个产品怎么样，是不是质量很好，是否值得购买，而是一味地想着广告的出现影响了我们看电视剧的时间。

那么，为什么我们会对一个已知的特点进行放大呢？这种情况的出现，大都是因为我们在与某一事物接触时内心想通过一种简单的方法，就可以看到整体的情况的心理活动而导致的。比如，当我们看到一个人跟我们交往时热情又主动，于是我们的心里就往往认为他是一个性格外向的人，而忽略了其他一些因素。比如，下面这个故事：

> 小辰是个16岁的男孩子，亲朋好友、左邻右舍都一致认为他是一个十分懂事的好孩子。因为亲友们每每都能从小辰的爸爸妈妈那里听到他又考出了满分的好成绩；邻居们每每都能看到小辰帮爸妈做家务以及经常帮父母扔垃圾等，也就一致认为小辰是一个品格优秀的好孩子。然而，后来一件事情的发生，却让亲朋好友及左邻右舍们跌破了眼镜：小辰的学校里发生了一起群体打架事件，小辰不单是当事人之一，还牵出了小辰几次偷父母的钱去外面参加不良社会组织活动等的事情。诸多不良行为一出，小辰的形象彻底颠覆了

亲朋好友们的三观。

上述的情况，就是我们通过一个点的认知，不自觉地填充和美化一个人，从而片面地认为一个人或一件事就是这样，其实未必。这就是"晕环效应"带来的危害。因此，当我们判断对方就是这样的人，并采取相应的方式与他交往时，这种以特点来代表的判断方式是很不确定的，因为它有时是正确的，但错误的时候也不在少数，这就是我们需要提防的事情。就像上文中的小辰，懂事的外表形象，几乎让身边所有的人都认为他是个品格优秀的孩子，殊不知在"晕环效应"的作用下，人们都被他的外表蒙蔽了双眼。

因此，人的认知总是带有过度的偏向性。比如，有些青年人因为喜欢对方一个特点，就"情人眼里出西施"，看对方哪里都好，做什么都顺眼；再如，有时候我们与一位知识渊博的人或者一个权威人士谈话时，即使对方说一些没什么意义的事情，我们往往也可能会以为他是在含蓄地表达什么重要的观点；又如，一个学生的数学成绩不好，并不能证明他所有的科目都不好，像钱锺书先生在校读书时，数学成绩经常不及格，但这样并没有妨碍他成为一个大文豪。因此，这种现象的本质，都是我们看到对方的某个优点或缺点时，把它扩大化了。因此，我们一定警惕晕环效应，在认知事物的时候，一定要全面看待，切莫单纯地看待一个优点或是一个缺点，就想当然地认为对方全部都是缺点或全部都是优点。

那么，我们该如何克服"晕环效应"呢？可以尝试下面两种方法：

第一，用合理代替不合理。认知的差错与失误有关，大都是因为思维障碍引起的，比如当一个人的内心向自己持续地重复一些不合理的信念时，就会导致越来越严重的不良情绪和不适应行为产生，最终导致一定的心理障碍，而引起对事物的不合理看法。对于认知障碍，心理治疗一般都采用美国心理学家艾利斯的合理情绪疗法。

艾利斯认为，我们每个人既有合理的思维，又有不合理的思维；既有理性的一面，也有非理性的一面。所以，我们要自觉地用合理的思维来代替不合理的思维，用理性的一面来代替不理性的一面，用合理的思维方式代替不合理的思维方式。之后，通过模仿学习、强化学习等行为训练，去自觉地改变以往的行为方式，从而巩固合理的信念，逐渐用合理的观点来代替不合理的观点，如此便能化解晕环效应的产生与出现。

第二，客观全面地看待事物。认知的改变对于人的情绪与行为改变起着关键性作用，而思维产生的认识和信念可以决定情绪的性质。因此，平时我们应谨防感情用事。要知道，所有的事物都不可能是完美无缺的，有缺点是很正常的，并不意味着就一无是处；有优点也是正常的表现，也不意味着就是完人。所以，很多时候一些优点和一些缺点，很可能同时在一个人身上并存。因此，我们一定要就事论事，养成客观全面看待事物的习惯，才不会出现严重的偏差与误判。

刻舟求剑——定式错位如何突破？

　　生活中有一种常见但不正确的现象，叫"定式错位"，在心理学中叫作"行为错位"，就是一个人做了反常于自己身份或普遍观念的事情，从而让人心中一乐或心中一暗。比如，我们刚上学的时候，读的语文课本里有一个《猴子捞月亮》的寓言故事：一只小猴子在井边玩耍时，往下边一看，吓坏了：原本挂在天上的大月亮，怎么突然之间掉到井里了？于是乎，小猴子就招来了自己的伙伴们，大家同心协力一起去捞井里的月亮。

　　这是我们见到的第一个行为错位的故事，它虽然有些幼稚，但也给我们带来了意识不到的欢乐之感。不过，有些行为错位的故事，却会给人一种不可理喻的荒谬之感，如下面这个故事：

　　　　古时候，一个楚国人要出门远行。他在乘船过江的时候，身上的佩剑不小心掉到急流里去了。这时，有人大叫"剑掉进水里了"，更多人则以为这个楚国人会立即想办法打捞。谁知，楚人却不慌不忙地从身边拿起一把小刀，按着剑掉下去的地方，在船舷上刻了个记号。刻完之后，他对大家说："你们不用担心，剑掉下去的地方我已经记下来了。"

众人对他的行为感到疑惑不解，便催促他说："如果想要的话，就快下水去找呀！"谁知楚人仍然不慌不忙地说："慌什么呀？没看见我刚刻了记号吗？"大船在江中继续前行，又有人催他说："你看船越走越远了，你再不下去找，就找不回来了！"但是，楚人依旧很是自信地说："不急，记号在这儿我怕什么呢？"船终于到岸了，这时楚人才顺着他刻的记号，"扑通"一下跳到水里去捞剑。结果可想而知，不但剑没捞上来，还惹得众人纷纷讥笑他。

上面的寓言故事告诉我们，如果用静止的眼光去看待不断发展变化的事物——楚人虽然在剑落水的瞬间在船上刻了记号，但却没有明白：船和船舷上的记号是在不停地前进的，如此必然要犯脱离实际的主观唯心主义的错误，因为掉进江里的剑，是不可能随着船行走的。这样的错误行为。在心理学上就是认知障碍，如果用心理定式去看待类似的问题，就是"定式错位"。

所谓"心理定式"，在现实生活中既有积极作用，也有消极作用。如果从积极的方面来讲，定势能使人在客观事物、客观环境相对不变的情况下更迅速、更有效地认识或处理一个问题。但是，定势效应也能产生很大的消极作用，因为客观事物是千差万别的，而一些情况又是在不断变化着的，如果我们仅凭借已有的知识与经验，去认知那些新的事物，往往就会产生认知上的偏差，而使判断不准确，导致错位和误解，甚至处理不当。其实，这样的行为错位和误会，在日常生活中是很常见的。比如：

> 宋代的大文豪苏东坡，他颇受人们的爱戴和敬仰。他曾经与造诣颇深的佛印禅师进行参禅境界比赛，为了显示自己参禅的境界之高，他给佛印禅师写信说"八风吹不动，端坐紫金莲"，随后便想着不知佛印禅师能给自己回复多高雅的诗句境，哪知却收到佛印的回信"放屁"二字。这令他非常不悦，一气之下来找佛印禅师进行理论，没想到在禅师的家门口却看到一张字条上写着"八风吹不动，一屁打过江"。这时，苏东坡不由得被自己的孩子气逗笑，同时也大赞佛印禅师的境界确实高过自己。因为他与佛印禅师所居住的地方隔着一条河，而自己找过来自然是要渡河（过江）了，更何况佛印禅师居然能猜到自己会来找他，真是高明。

我们的思维能力，很多时候往往会像物理学中的物体运动一样，具有一定的惯性，就是它们对新事物的判断，很容易被过去已形成的观念而左右，这是一种很常见的现象，那么像苏东坡这样的大文人，还有认知上的失误，更何况普通人呢？不过，在无意中被开玩笑，像这种行为错位所带来的欢乐，会让人觉得这个人一下子就接地气了。所以，这种定式错位算是积极性质的，它造成的是种种愚蠢而可爱的行为。

其实，在生活中遇到"错位"的事情有很多，但有相当大的一部分非但不搞笑，而且还是令人无奈与厌烦的。比如：

> 有个年龄快四十岁的女博士，不但学习能力强，而且还是个很有主见的人。但是，已经超过而立之年的她，却基本上没有什么谈恋爱的经验，之前是因为学习，后来是因为年龄。于是周围很多认识而又对她不了解的人，都对她感到奇怪：这么优秀的女孩子怎么一直都不谈恋爱、不结婚呢？肯定有什么不可告人的事情吧？
>
> 其实，女博士是个很优秀的人，并没有什么不检点的行为。当她知道别人对她的看法之后，只是无可奈何地笑了一下，她说几乎每个恋爱对象一听她是女博士，就立即拒绝交往，他们的理由无非"学历太高，自己配不上""怕自己hold（把握；掌控）不住"……从而不敢与她深入交往。

其实，女博士也是普通人，也拥有活泼的少女心。她们根本不是人们眼里的书呆子或者女强人。除了学业，她们也与普通女孩子一样，也喜欢和朋友出去玩乐，一起去吃火锅、看电影，也可以结婚生子，建立幸福的家庭。

出现这种情况，大都是因为幼年时大人告诉我们的一些事情定位深深印在我们的脑海里，如此一来，我们就会在不知不觉之间对外界产生许多偏见，并且用这种方式对他人进行判断。然而，这些判断有百分之七八十的概率是错误的，可是我们往往忽视了那百分之二三十的真相，从而固执己见地把错误的观点再传递给他人，于是就形成了定式错位的大众化。

定式错位的危害极大，不管是对他人还是对自己，都会带来深深的影响。对于定式错位现象，一定要重视起来，及时纠正与化解，我们才能以一种健康的心态去做好我们的工作，过好生活。

通常来说，定式错位是一个人的人生观与价值观出了问题，一定要及早进行自我调适：

一、品德修养。"一日三省吾身"，有修养的人往往都有社会责任感，努力去履行自己的道德义务。他们大都会经常反思，犯了错及时地反省自己。他们往往能有"慎独"的人格，而不会让自己"跟着感觉走"，所以平时要做到不媚俗，有错就改，修身养性。

二、透过现象看本质。聪明的人，在变幻莫测的社会事物中善于思考，擅长把握社会发展主旋律，他们能够站在高处看待问题。只有这样才能透过现象看本质，才能在正确的逻辑推理中做出正常的选择。

三、确立正确的人生观、价值观。正确的观念非常重要，观念的确定要加强学习，如平时多从圣人先哲的著作中，去领悟做人的道理，从社会楷模的言行中，去体会人生的意义，才能给发生的事物做出合理的定位。

第二章

认识思维定式，推倒惯性思维的墙

认知心理学研究认为，一个人的思维方式往往决定了他看待世界的眼光与认知，同样决定了他人生发展的轨迹。

什么是思维：自作聪明的贼——思维与心理活动

"思维"是人脑对客观事物的间接的、概括的反映，而"思维过程"又是人的认识活动的高级阶段，所以思维又与人的心理活动密不可分。有了思维能力，我们才可以超脱事物的个别属性，认识到事物的本质和规律，才能够正确地认知与发展。但是很多时候，我们却总是做一些愚蠢、可笑又可悲的事情，如下面这个自作聪明的故事：

宋代，一个叫陈述古的学士走马上任到浦城县做县令。在他刚上任还没几天，该县就发生了一桩盗窃案。为了让老百姓相信自己，他决心自己一定要把这个案子办好。他决定亲自破案，紧急追凶，很快就找到了案子的线索，将几个嫌犯统统抓捕归案。然而，嫌犯都说自己是被冤枉的，这让陈述古犯了难，究竟是谁偷了东西呢？他只好先将这些嫌犯关押起来，再想办法让真正的嫌犯招供。

过了两天，陈述古命人将嫌犯全都带上来，对他们说："虽然你们都不承认是自己偷的，但本官自有办法。因为后院的庙里有一口钟极为灵验，它能帮本官分辨谁是真正的盗贼！现在就带你们去后院庙里，你们进去后只要摸一下这口钟，我就知道了。因为偷东西的人摸这口钟时，它就会发出洪亮的响声；而没有偷东西的人摸这口钟时，它是不会发声的。"

到了庙里，陈述古先做了一个祭祀，他与衙役站在钟前围成一圈，一个个闭目祈祷，很虔敬、虔诚的样子，完了又用帷帐将这口钟罩起来。然后，他就命几个嫌犯每人都伸手去帷帐里摸一摸这口钟。可是，所有的嫌犯都摸完了，这口大钟却没有发出一点声响。

然而在走出庙门的时候，陈述古却在门口令嫌犯们一个个伸出手来，当他发现其中除了一人手是干净的之外，其余的嫌犯手上都有或多或少的墨汁。这时陈述古说："此人必是盗贼无疑，快将他拿下。于是这个手上没有墨汁的嫌犯，这时才明白自己的小聪明害了自己，只好招认自己的盗窃行为。原来，陈述古说庙里的大钟很灵验，不过是虚张声势，他估计：偷了东西的嫌犯，因害怕摸钟会发出声响而暴露自己，所以一定不敢摸钟；而没有偷东西的人则不怕摸钟会发出声响。于是他先命人在钟上涂了一圈墨汁，之后就用帷帐将钟给罩了起来。而真正的嫌犯伸出手去假装摸钟，却没有真摸，却正好中了陈述古的计。

我们可以看出，思维具有间接性和概括性。那么，盗贼的这种心理思维情况，亦是现在社会伦理常态的约束下人们无法打破的怪圈，它更是存在于人类本性中的狭隘卑微的一部分思维认知能力。而陈述古的这种思索和判断叫作过程思维，也叫智慧运用。心理学家认为，它是体验一个人智能的最好方式，更是人心理活动的测量仪。

　　一些智者认为，那些缺乏全局意识，只着眼于眼前得失，貌似聪明，实则损害了全局利益的思维模式，是小聪明；而那些具有全局的、发展的、统筹的眼光的思维活动，才叫作大智慧。就像上述的陈述古破案，在没有亲眼看见盗贼偷盗的情况下，恐怕任谁都很难再做更多的"调查研究"。对此，陈述古聪明地运用了思维，来探测人的一般心理活动，采用间接的方法，使盗贼顺着自我的思维方式，不知不觉地暴露了自己。这就是思维与心理活动的关系，间接地呈现了盗贼盗窃的事实。

　　我们一定要多运用自己的思维能力，对事物进行多方位、多角度、多层次、多关系的思考，从而让自己思维流畅，判断正确。

"鸟笼逻辑"——惯性思维的四种类型你占了哪种？

有人可能不知道，人类的大脑会分泌一种叫多巴胺的东西，它会让你开心、让你快乐，尤其是在遇到一个问题的时候，它会促使你经过不断的练习和努力，获得好的成绩。那么，当你下次再遇到试题的时候，就要用应试的这种思维来解决，以获得更好的成绩、鼓励和多巴胺，从而形成一种习惯。

那么，这就是一个循环，周而复始，仿佛物体运动的惯性，也就形成了惯性思维。其实，惯性思维无处不在，它在给我们提供便利的同时也带来了一些缺点，比如惯性思维常会造成思考事情时有些盲点，且经常使用惯性思维的话还会使人们缺少创新或改变的可能性。就像"鸟笼逻辑"：

美国心理学家詹姆斯和美国物理学家卡尔森是好朋友。卡尔森是个不喜欢鸟也不打算养鸟的人，但是詹姆斯却打算利用心理学的方式让好友养一只鸟，于是詹姆斯与卡尔森打赌，詹姆斯信誓旦旦地对好友说："你信不信？我一定会让你不久就养上一只鸟的。"卡尔森不以为然地说："我不信！因为我从来就没有想过自己要养一只鸟儿的。"

几天后是卡尔森的生日，好友詹姆斯送给他一个特别的生日礼物——一个漂亮的鸟笼子。卡尔森笑了，他仍旧不以为然地说："你以为有了鸟笼我就会养鸟啊？我劝你就别费劲了！我只会把它当成一件精致的工艺品罢了。"詹姆斯却说："这话别说得太早，你很快就会养一只鸟儿的。"

卡尔森不置可否地摇着头，但是，从此以后家里来访的客人，只要看见那个空鸟笼，几乎都会问同一个问题："教授，你养的鸟儿是死了还是飞走了？赶紧再买一只吧。"这时候卡尔森只好不断地向客人解释："那只是一只空鸟笼子，我从来就没有养过鸟儿。"

这种回答每每换来的却是客人"为什么不养一只呢，您很讨厌鸟儿吗？"等类似的话语。终于有一天，卡尔森实在不想再这样无休止地解释下去，只好买了一只鸟儿养在了那个笼子里面。

詹姆斯的"鸟笼逻辑"奏效了。它给卡尔森造成一种心理上的压力，使其主动买来一只鸟与笼子相配套。其实，养鸟并不是卡尔森的本人意愿，他是厌烦了每次要解释鸟笼空着的原因。那么，问题就来了，虽然买一只鸟是可以更快地解决他人总是询问问题的方法，那卡尔森为什么不选择把鸟笼扔掉，这个更加直接的解决问题的方法呢？

这就是引人深思的地方，与我们的惯性思维息息相关了。要知道，"鸟笼逻辑"至少包含着两个方面的惯性思维：一是人们一看见鸟笼，就觉得它的存在就是为了养鸟儿的；二是当我们拥有了一件物品之后，必然也就想再拥有一个与之相配套的物品。于是在这两个惯性思维的驱使之下，卡尔森在既迫不得已又顺其自然的情况之下，掉进了"鸟笼逻辑"里。

其实，"鸟笼逻辑"是一个很有意思的规律，人们在偶然获得一件物品后，会继续添加更多与之相关的物品。在生活中有很多这样的例子，比如，我们买了一件漂亮的上衣后，就会习惯性地想到：搭配什么样式的裤子更适合呢？于是便买了一条裤子，而买完裤子后，我们又会习惯性地想到：搭配一双什么样式的鞋子合适呢？于是便会不知不觉地陷入了"鸟笼逻辑"之中。

一般来说，这种惯性思维有四种类型：

一、归纳型。这种思维类型被称为经验型，也是最常见了的惯性思维模式。遇到问题时它会让你直接参考所学到的知识和经验，而不是运用所学或者智慧来推理出更适合的结论。因此，这种思维就是不懂得灵活变通的主要体现，因为它过于刻板化了。

二、溯源型。这种思维方式与第一种有些不同，它是让人习惯性地去挖掘问题产生的原因，有一种顺藤摸瓜的意思，而不会去直接面对问题，这是一种探求本质的习惯，却给人一种较真的印象。

三、偏执型。有这种惯性思维的人，喜欢主观臆测，遇事常常以偏概全，缺乏逻辑性，所以他们往往是一个比较情绪化和自我化的人，做事情容易走极端。

四、单向型。单向型惯性思维，是一种比较简单和直接的模式，有固守的一面，他们总是认为只有一种解决方案，从来不去想其他方法。

总的来说，这四种惯性思维，可以理解为一种匹配和追求完美的心理。很多时候，我们总是先在自己的心里挂上一只笼子，然后就会不由自主地朝其中填一些没有多少实际作用的东西。于是在这种内在惯性思维和追求完美的心理驱使下，我们便会不知不觉中进入"鸟笼逻辑"之中。因此，只有敢于跳出惯性思维的方框，我们才能给自己一个发展的机会，如下面这个例子：

一家知名连锁酒店的总经理，准备再开一家分店。他想在现有的三个部门经理中挑选一个去负责新酒店的管理工作，三个人谁更合适呢？他决定在三人中进行一次测试：

他拿来三张纸，分别在上面写下同样的问题：先有鸡还是先有蛋。然后，分别送给三个部门经理，让他们来回答这个问题。

半小时后，三个部门经理的答案出来了：第一个部门经理的答案：先有鸡。第二个部门经理的答案：先有蛋。第三个部门经理的答案：客人先点鸡，就先有鸡；客人先点蛋，就先有蛋。看了三个部门经理的答案之后，酒店老总指着第三个部门经理的答案说："就他了！"

很明显，前两个部门经理之所以落选，就是因为他们的惯性思维害了他们。而第三个部门经理之所以被选中，则是因为他能够跳出固有的方框，让人眼前一亮，自己换个角度看待老事物，就得到了总经理的重用。那么，我们如何避免这种"鸟笼逻辑"的枷锁呢？这就需要一定的自觉性与认知能力，如当你察觉到自己就要成为笼子的俘虏时，一定要及时地试用以下这三种方法，以免自己被困在"鸟笼"里：

一、勇于断舍离。当别人送我们一只"鸟笼"时，我们往往会有两种选择，一是把鸟笼丢掉，弃之不理；二是买一只"鸟儿"回来，养在那个"鸟笼"里。但是，就一般情况来说，大多数人会选择买一只"鸟儿"养在"鸟笼"里。因为如果拒绝了别人的"鸟笼"，怕得罪了对方，同时觉得把鸟笼丢了是一种损失。殊不知，拥有"鸟笼"才是一种最大的损失，因此只有勇于断舍离，把心中的那只我们不需要和不适合自己的"鸟笼"果断地丢掉才是明智的，才能及时止损。

二、小心直线思维。认知心理学家认为，人的大脑倾向于简单的直线思维。直线思维思考的是事物的本质，人们在这种思维当中受情绪的影响较大，如此一不小心就会被"鸟笼"套牢。这种看似最简单、最本能的思维方式，往往忽视了我们真正要的是什么，是否适合自己等一些实际的问题。因此，我们做事的时候要以结果为导向，在方法思考上一定要避免这种直线思维，不要只盲目地寻找方法，而是让自己的思维有方向。先想想事情的结果，就不会误入"鸟笼"了。

三、不要好高骛远。生活需要理性的对待，无论何时都不要好高骛远，拼命地谋取利益，无限地追求更多高档的东西，为自己当下负担不起的东西买单。殊不知，如此做法往往有百害而无一利，不是惹上了祸事，就是影响了健康。因此生活需要理性的对待，只有简化自己的想法和生活方式，去掉一些不必要的枝叶，才能真正提升自己。

你为何习惯说没办法：否定性思维

生活中有很多人习惯说"没有办法""我不行""不可能""不知道"等一些否定性的词语，从而什么都不想去做，什么都不敢去尝试，而把自己给束缚起来，裹足不前。

其实，这都是大脑中的"否定性思维"在作怪。所谓"否定性思维"，就是每当自己遇到一件事情的时候，还没有对事情进行了解，大脑就直接对事情进行了否定的一种思考方式。因此，经常有否定性思维的人，平时说的最多的话就是一些否定性的语言。

为什么很多人会有这种"否定性思维"呢？原来它有一个最直接的好处：帮助我们简化这个世界。也就是当我们面对一件事情要做出选择的时候，我们的脑海里就会出现：熟悉的事情就去照做，对不熟悉的事情处理的方式就直接否定。因为如果不否定的话，我们就需要付出一定的精力与脑力去做，这就会带来麻烦或劳累。于是在安逸心理的驱使下，便采取了直接否定的方式。

一个人如果总是习惯于"否定性思维"，那么从侧面来说，也反映出其"心理承受能力不足""处理事态的能力匮乏""内心自卑""缺乏自信"等一系列的负面问题。因为如果一个人面对各种机会，总是用否定思维来考虑问题，无形地夸大了其中的风险和不足，就会使自己不敢去接受，从而不断地对自己说"不"，也就失去了提升自己的机会。

尤其是社会发展日新月异的今天，更新换代之快，简直令人应接不暇。如果我们把自己局限起来一段时间，不谙世事，那么，等你回头一看的时候，肯定会发现完全都变了——自己不认识这个世界了。由此可见，"否定性思维"就是把自己封闭起来的一种可怕的魔咒。比如说，从今天开始，你到一个深山老林里，一个人待了三四年，对外界的信息一概不知。那么，可以想象一下：随着人工智能、元宇宙、大数据以及5G和混合现实技术与虚拟现实技术等先进技术的进一步发展或更新，那么当你回到现实世界中来的时候，可能就会完全不认识这个社会模式了，如此就更难适应社会快速发展的速度。

在迅速发展的今天，随便否定一个事情，后果简直不敢想象，它往往会给你一个措手不及。因此，这种"习惯性否定性思维"，在上个时代的社会模式中或许不失为一种"鸵鸟式"的、安稳的生存方式。但是，在今天这个时代，它肯定是站不住脚的，尤其是对一个还想要进取的人来说，这种否定性思维，极有可能会使你四处碰壁，一事无成。

比如，一个人如果"习惯否定"，喜欢说"没办法"这种词，就会在潜意识中让自己的大脑停止思考，也不会再为寻找答案而努力，就像《穷爸爸富爸爸》一书中的一段内容，非常符合这种情况：

一个爸爸总是习惯说"我可买不起"，而另一个爸爸则禁止孩子说这样的话，他坚持让孩子说"我怎么才能买得起"。

那个让孩子说"我怎么才能买得起"的爸爸，不久之后自己就富起来了。当孩子问他当时说这种话的时候，心里是怎么想的，他说当你下意识地说出"我买不起"的时候，你的大脑在潜意识下就会停止思考；当你自问"我怎么才能买得起"的时候，你的大脑则会在潜意识之中动起来，所以这个爸爸才成了富爸爸。因为这个富爸爸还说：我的大脑越用越活，而大脑越活，我挣的钱就越多。

由此可见，两种看似平常的话，一句让你放弃，一句则促使你去想办法。促使你去想办法的话，就是不停地锻炼你的大脑，就像世界上最强大的"计算机"一样，去运转去思考，从而驱使你去解决问题。而当你下意识地说"我可买不起"这话的时候，则意味着你在精神上的懒惰与不思进取，如此你又怎么能上进呢？

要知道，过多地"自我否定"，会使人产生自惭形秽的情绪体验，让你变得自卑，而导致情绪低落，进而使自己生活在暗淡的日子里不能自拔。因此，在问题面前，永远不要说"没有办法"，而是要努力地去想办法解决所有的问题与障碍，只有这样，你才能跻身于强者的行列。

　　一家上市公司的经理说："自己工作的时候，有一段时间需要做一些优化相关的项目。"当时，他调研了一些方案与方法，发现其中有一个方案很是不错。但是，做这个方案的难度却很大，他怕自己做不成，于是就将这个方案给否定了。一年之后，公司又要做一些项目优化，他思来想去好多天，也没有找到较适合的方案，就决定启用之前否定的那个方案。

　　但他没想到：在自己着手做这个方案的时候，才发现这个方案的难度，并没有之前想象的那么大，其中的很多难点，都可以一一地攻克。最终他完成了这个方案，不光项目的收益大大增加了，还在自己的个人履历上增加了相应的工作经验。这样的结果，真是令人欣喜。

　　其实很多事情并没有你想的那么难，当你真正着手做的时候，就可能会在其中找到新的方法。因此，破除"否定性思维"，就是打造进取心的首要前提，具体方式我们也可以从以下这几个方面着手：

　　一、警惕"习惯性否定思维"。我们要意识到"否定性思维"是一种不可取的思维。尤其是当我们知道自己有习惯性的否定思维时，一定要警惕起来。因为一旦否定思维形成了习惯，就会使我们在做事的时候难以自知。因此，对待一件事情，我们要有一定的警觉性，才可以规避习惯性否定思维的障碍。

　　二、让自己抽离出来。当我们发现自己对一些新鲜的事物总是不敢尝试的时候，就要学会让自己从困扰的事情中抽离出来，并重新审视自己的思维方式。这时一定要告诉自己：事情本身并没有那么难，只是我们自身设限的念头在扭曲我们对事情的看法。因此，我们一定要提早觉察到否定性思维的存在，从而加以预防。

三、好奇心加行动。平时你应该持有一定的好奇心，尤其是对自己不熟悉、不懂的事情一定要行动起来，自己先去了解一下，再做判断。举个简单的例子，比如，晚上看到月亮，看到它有时候又大又圆，有时候却是又小又弯的，这时候我们也应该去思考一下：月亮为什么会这样？它为何不能保持一个固定的形态？以这样的思维方式，让大脑进行深度的思考。

四、放下身段，终身学习。想进取，就要先放下身段，要有一种强烈的想要学到东西的渴望心理，才能不断进步。比如，有些老年人，明明都退休了，还喜欢学习与听课，并且他们在听课的时候还总是表现出一副全神贯注的样子，如此专注，自然学得很快，也掌握了很多知识。因此，很多人并没有因为年龄而否定自己，而是不断地学习与进修，这样才能完善自己。

五、学会全面看待问题。有时候给自己设限、否定自己，是由于之前做过类似的事情，失败了，便习惯说"没办法"。如果习惯于之前的思维，就会造成认知上的失衡，从而在判断上产生偏差。其实，很多事情都是此一时彼一时，之前不可以，并不代表现在也不可以。因此，要学会全面地看待问题，因为一切都是在变化着的，只要我们能多锻炼、多参与，就能使自己获得一些新发现，也就能破除旧思想，开始新的发展了。

你为何觉得都是别人的错：借口思维

有句俗话："各扫自家门前雪，勿管他家瓦上霜。"这句话明显地表现了一种主观性很强的推脱责任的态度，更是一种不想负责的借口。在我们的学习、工作和生活中，借口无处不在，大多数时候，无论做什么事情，我们都会为自己找很多借口，从而逃避自己应负的责任。

"三个和尚"的寓言故事就告诉我们生活有很多相互推脱的现象。三个和尚为什么没水喝呢？其实，没有一个借口是偶然的，所有借口的背后都隐藏着一些深层次的心理诱因。三个和尚都不想出力，是因为没有责任感，他们每一个都想依赖别人，于是在取水的问题上互相推诿，结果三个人谁也不去取水，导致大家都没水喝。

人性最大的弱点就是为自己找借口。爱找借口的人，总是喜欢推卸责任，害怕承担责任。殊不知，借口不但是自己推脱责任的理由，也是摧毁成功的根源。所以如果你想改掉这一习惯，就要敢于面对，因为它是你害怕承担后果所带来的惩罚。

　　两个年轻人创业失败了，他们都感到人生没有希望了，于是就相互倾吐自己的苦水，抱怨生活的不易。有位老先生走过来对他们说："你们知道自己失败的问题出在哪里吗？"两个年轻人都愁眉苦脸地说出了自己的理由。但是，老先生听了却摇了摇头说："我问你们几个问题，你们知道失败者最多的是什么吗？"两个年轻人都摇着头说不知道。老先生又问他们："那你们知道成功人士最多的是什么吗？"两个年轻人一致回答说："是钱！"

　　老先生说："错了！成功人士最多的是方法，失败者最多的是借口！成功人士之所以成功，是因为他们寻找到了解决问题的方法。你们之所以失败不是因为你们没能力，而是因为你们找了太多的借口！"

　　是的，老先生说得对，一个人失败的原因往往不是没能力，而是借口太多了！生活中，不论何时何地，只要出现了难题，我们就会习惯性地寻找各种借口来为自己开脱，从而使自己觉得没成功是有一定原因的，并不怪自己。如此一来，又怎么会走向成功呢？

　　爱找借口是一个很大的毛病，可能很多人不觉得。也许从小的方面来说，它是借口，但如果从大的方面来讲，则是责任心缺乏的表现。要知道，不管一个人有多么冠冕堂皇的借口，事情没有完成总不是一件令人愉快的事。在生活和小事情方面，借口看似不会产生什么大的影响，但是如果在工作或其他重要的事情中，往往会导致严重的后果。借口是一种消极态度，也是一种负面能量。并且，没有一个借口是偶然的，所有借口的背后都隐藏着深层次的心理诱因。

　　上小学时，有一次考试，我考得很不好，不好的原因就是这段时间贪玩而没有好好学习。爸爸妈妈肯定会指责或批评我，所以我为了逃避爸爸妈妈的批评，就给自己找借口说："这次我们全班同学都考得很不好，所以这次成绩不理想不是我个人的问题，是老师出的题难度太大了！"这时，爸妈听了往往会说："你们老师出这么难的题干吗呀，你天天这么学习真是辛苦了，今天我们给你做好吃的补补。"

　　这样，我不但避免了责骂，还受到了照顾，心里一定会偷着乐的。但是，殊不知，人的习惯就是在不知不觉中养成的。借口就是一种不好的习惯，一旦养成了找借口的习惯，我们的工作就会拖沓、没有效率。而且借口这种"习得性无助"的种子，一旦在我们心里扎根发芽，慢慢地这种"受害者心理"就成了我们心智的原生组成部分，从而形成了我们凡事都要找借口的借口思维。

　　因为借口让我们获得了一些心理安慰，暂时地躲避了一些困难和责任，于是我们就会像尝到了甜头一样，一个又一个的借口接踵而来。在这种看似轻松的生活状态之下，我们不知不觉就养成了十分可怕的消极的心理习惯。我们做事情就会变得拖沓而没有效率，心态变得消极而最终一事无成。由此可见，人性最大的缺点就是为自己找借口，无论是什么事情，为自己找各种各样的理由，减少自己的心理负担。当我们把责任甩给外界得了好处而暗自庆幸的时候，殊不知，这其实不仅是一种对自己的不负责任，更是自甘消沉或失败的前奏。

李浩在一家互联网公司工作，主要做网站建设服务。老板让他对接一家小型公司的业务合作，李浩提交了好几份方案建议书，这家公司都不满意。这使李浩很不高兴，就向老板汇报了情况，要老板放弃这家小公司。

但是，老板觉得这家小公司应该能很顺利地对接成功的，所以就要李浩把建议书拿来看看。老板看后，发现几份建议书都没有什么特色，而且方案也是大同小异。于是就问李浩："你是否详细地了解过这家公司？知道他们真正想要的是什么吗？"

李浩回答说："当然了解过！不过，我觉得这么小的公司也没有太多的业务量，所以没有必要做详细的调研，我们的建议书完全可以满足他们的需求。他们不满意，明显是故意不想合作。"

不用说，这样的回答令老板大为恼火："你不去详细了解人家的需求，不去想办法解决人家的问题，人家怎么会满意呢？你觉得没有必要为一个小客户浪费那么多精力，其实就是在为自己的不作为找借口！如此小的客户你都搞不定，又怎么能与大客户洽谈成功呢？看来我这里用不起你，请你另谋高就吧！"

出了问题一味找借口，其实是一种自毁前程的表现。就像上文中的李浩，当老板发现他是一个缺乏责任感的人之后，便不再信任他，他甚至失去了工作的机会。我们一定要明白，借口永远是借口，再漂亮的借口也是借口。当借口成了失败的挡箭牌时，也就成了阻碍你成功的绊脚石。

美国西点军校的严格军规是人尽皆知的。"没有任何借口"是西点军校传授给每一位新生的第一个理念，更是其二百多年来奉行的行为准则。西点军校明文规定，每一个学员都要想尽办法去完成任何一项任务，否则，你就没有资格留在那里。因此，失败是没有借口的，人生是没有借口的，不找借口找方法，才能让你在关键时刻脱颖而出。

我们就怕借口成习惯，一旦做错了事习惯性地推卸责任，就会认为失败理所当然，借口就变成了"思维的麻醉剂"。借口还是拖延的温床，那种凡事都留待明天去做，习惯性拖延的人，其实是一种常见的意志缺陷，也是很多人不能成功的原因。

可见，找借口是极不负责任的表现，我们必须勇于杜绝自己找借口、推卸责任的行为，平时要有意地去克服和解决，避免成为别人口中的"老油条"。首先，我们要明确具体的问题，找到要点与我们之间的关联，确定做一件事要有始有终，以增强我们的责任心。其次，遇到事情，仔细分析自己失败和别人成功的原因，并且坚决不做高估别人或低估自己这样的傻事，从中找出真正的影响因素。要知道，"态度比智商更重要"，只要你坚信自己能成功，你就一定能成功。

你为何总是没有准备好：逃避思维

遇到困难就想逃避，可以说是人性中最典型的一个自然反应。生活中往往有很多这样的人：马上得去面试了，他说自己还没有准备好；马上就要出发了，他说自己还没有想好要带什么东西；马上要去洽谈了，他说自己还不知道要谈什么；马上就要考试了，他说自己还没有复习……其实，这种总是没有准备好的心态，就是一种逃避思维。

一个穷困潦倒的年轻人，租住在一间破旧的房子里，如今连基本的生活都维持不下去了。为了逃避房东催缴房租，他就整天把自己关在房间里。一位传道士听说他的情况后，想帮助他渡过难关。这天传道士登门拜访，在门外敲了好久，也不见年轻人来开门，以为他不在房间内，只好带着自己的救助物资回去了。

过了几天，传道士又来了，又在门外敲了好久，但是年轻人还是没有来开门。这时来了一个邻居，传道士向邻居了解情况，邻居说没看见他开门出去，可能还在房间内。于是传道士又敲了几下房门，可是年轻人还是没开门，传道士只好回去了。此后，再也没来。

过了几天，年轻人终于开门了，邻居对他说前几天有个传道士特地过来资助他，但敲了很久的门，也没见他开门，人家只好回去了。年轻人听后非常懊丧地说："房租我还没准备好呢。我以为房东来催房租哟，因此不敢开门。没想到会有人来救助我啊！"但是，现在后悔有什么用呢？年轻人的逃避行为使他错过了一次接受帮助的机会。

面对即将要发生的事，如果妄想借助"没有准备好"来进行逃避将要面对的结果，给自己一个"做不到"的理由来避开事实，就会为失败埋下伏笔。要知道，逃避是一种懦弱的表现，就像上文中穷困潦倒的年轻人一样，不敢去面对现实，而用"还没准备好"来麻醉自己，使问题无限期搁置，殊不知这样虽然逃避了一时，却错过了许多美好的机会。

可见，"没有准备好"的思维，对我们的人生发展百害而无一利，它是一种逃避的思维状态，又是一种消极的情绪，常常发生在当自己与社会及他人发生矛盾与冲突时，自己不能自觉地解决其中的问题，却懦弱地选择了躲避的心理现象。其实，逃避思维严重的人，大都是些缺乏信心的人，他们往往认为自己可能胜任不了眼下的工作，于是就选择了放弃。比如：

有位毕业于名校的大学生，找工作的时候发现自己学的专业不好找工作，找了好多单位都不如意，于是他想转行到时下热门的智能行业。但隔行如隔山，他必须掌握一些进入智能行业的门槛技能。于是他不断学习这方面的知识，经常去各种论坛上找资料，不断地报班学习，不断地向专业人士请教。当有人告诉他"你现在准备得差不多了，可以去找份工作试试了"的时候，他却发现智能行业的人都很厉害，而且有些看起来很厉害、很有经验的人都被刷掉了，顿时，他又没有了自信心。于是他又赶紧进行各种准备，各种报班学习，各种求教等。他一直都觉得自己没有准备好，总是不敢去投简历，更不敢找实习单位去实习上班。最后的结局，可想而知，他不但没成功转行，而且原来的专业也快荒废了，尤其是自己一直处于待业之中，整个人都变得消沉起来。

由此可见，是否做好了准备，与其说是一种状态，不如说是一种能力、一种心态，更是一种不自信的、逃避现状的思维。就像上述的名校毕业生，一直认为自己能力不够，一直在准备，结果陷入自卑的陷阱中。如果不能从这个死循环中跳出来，将永远处在失败的阴影之中。

其实，困难并没有你想象的那么多，只是你低估了自己的能力。比如，前些年流行的一首励志歌曲《爱拼才会赢》，这首歌有一句歌词说得非常好："三分天注定，七分靠打拼。"也同样说明了"拼搏"的重要性。

面对一个挑战、一个难关，你预先做好三分的准备基本上就可以了，因为当你真正出发之后，你还可以在过程中进行不断的调整，这时候去完成剩余七分的准备，是来得及的。因此，大可不必完全准备好了再去实施，这样你会发现自己的准备还有很多不充分之处，因为你还没有真正接触一件事情、一项任务的时候，你是不可能完全了解它的。

因此，当我们做了事先的三分准备之后，对即将要做的事情已初步有了方向，对可能的困难已经有了预案，如此就足够应对不确定性的因素，心里也不必再有恐惧感，大可以下船试水，而不是还在岸上观望。

要知道，当今世界的变化日新月异，就算你花很多的时间将一件事情完全准备好，说不定你在准备的过程中，该事物又发生了变化或升级了一些你不知道的程序。所以，只要做好了三分的准备，你就可以开始出发了，哪怕这次失败了，你的心里也能够接受，也可以让自己从中吸取新的教训，从而不断地完善。

面对搞不定的事情，逃避是每个人的天性。做准备，更多是心理层面的准备，没有人能够真正准备好，只是看你是否有勇气按时开始。继续做自己不喜欢的事情，还是做自己喜欢做的事情，都是要付出代价的。无论我们做出什么样的选择，都会面对困难。犹豫不仅会错过机会，还会付出代价。

　　　　小张是个喜欢自由的人，他不想去公司上班，想要通过短视频的方式来做自媒体，以实现自由创业。但是，当他发现如果自己做视频的话，还需要掌握一些视频拍摄、视频剪辑的技术，尤其是还要先写好视频的文案。于是，他花了大量时间去研究自己该如何去拍摄短视频，如何去剪辑短视频，如何书写短视频的文案等。大半年过去了，他连一条视

频都没有发出来。长时间的准备把他要好好做自媒体的初心
也消耗殆尽了。

因此，我们只有客观地看待每一次挑战，看自己是否有能力在途中及时调整，而不是一直花费大量的精力去做一些细枝末节，要知道这些无关紧要的事情除了会消耗你的精力与时间，无一益处。其实谁都无法逃避做决定，人总是要做出决定的，尽管内心希望逃避，但一定要想办法克服。因为对任何事情，在任何时候，任何人都很难做到完全准备好。生活中这类例子有很多，比如：当我们去面试的时候、去表白的时候，我们往往会以为自己已经做了非常充分的准备，结果还是失败了，心中免不了懊丧。然而，还有些时候，我们觉得自己什么都没有准备便被推到了"战场上"，却意外地成功了。

由此可以看出，在大多数情况下我们都很难真正预先猜测到事情到底该怎么做，因为对还没有发生的事情谁也无法断定。因此，与其拖延时间不去做，还不如让自己大胆去试错，因为凡事只有试过了才知道行不行。虽然我们不能在毫无准备的情况下去试错，但是我们也"不要因为没有准备好而浪费时间或机会"，所以我们一定要鼓励自己试一试，只有主动探索事情究竟该怎么做，才能对症下药，将事情做好。

每一段漫长的路程，都由无数段短的路程拼接而成。只要勇敢地站起来，我们就能战胜困难。只要有三分的准备，即可以上路，可以去迎接未来崭新的生活，因为我们可以在沿途的驿站中完成更多更合理的准备。一定要敢于享受不确定的人生，做一个时刻准备好了的人！

你为何总看不到机会：抱怨型思维

认知心理学认为，人有多种思维能力。容易抱怨的人的思维模式，被叫作抱怨型思维。通常，持有抱怨型思维的人，他们在遇到问题的时候，比较典型的思考模式就是：都是你们的错。他们总将令自己感到不如意的问题通过抱怨的方式推托到别人的身上。比如，当自己在事业上没有晋升时，就会抱怨公司没有良好的晋升机制；当自己做生意没有赚钱时，就会抱怨市场经济发展不好；当自己的工作不顺利时，就会抱怨同事们的帮助不够等。总之，他们总是会将所有的问题都归因于外在的环境不好，才导致自己没有成功。

一个年轻人，尽管很努力，却没有过上理想的生活。这令他深感怀才不遇，还觉得社会很不公平。越想心里就越痛苦，他一个人来到了海边，打算跳海自尽。

这时，一个老人走了过来，似乎看出了他的心思，就问他为什么要走绝路，他就把自己的绝望念头告诉了老人。

老人听了之后，什么都没说，弯下腰从沙滩上捡起三粒沙子，让年轻人看了之后就随手扔在了沙滩上，说："你把我扔在地上的这三粒沙子，捡起来吧。"年轻人听了，连连摇头："都是一模一样的沙子，怎么将那三粒沙子捡起来？"

老人听了年轻人的话，没有回答。而是从自己的口袋里掏出三颗闪闪发光的东西——钻石，让年轻人看了之后，就随手扔到了地上，说："沙子捡不出来，你能把这三颗钻石捡起来吗？"

年轻人高兴地说："这么闪亮的东西，当然可以捡起来呀。"说完就弯腰将三颗钻石都捡了起来。

老人点点头说："那你现在明白沙子和钻石的差异了吗？你要明白自己现在还像沙子一样，没有钻石的光彩，就不要苛求别人没有看重你。如果你能想办法让自己成为钻石，一定能受到他人的重视。"

年轻人听后恍然大悟，他谢过老人之后，便立刻离开了海边，不仅不再怨天尤人，而且通过自己的努力成了一个出类拔萃的人，取得了事业上的成功。

玛雅·安杰洛说："如果不喜欢一件事情，就改变那件事；如果无法改变，就改变自己的态度。不要抱怨。"是的，有些人经常以别人的事情来粉饰自己，自己不学无术，不去努力，却抱怨连连，最后只会被人轻视，除此之外，毫无意义。故事中的年轻人，处于眼下的困局之中，抱怨他人，抱怨环境，唯独就未找找自己的问题。经过老人的指点，年轻人才终于开悟，知道了自己该怎么做。由此可见，抱怨是一种极其不好的思维，但生活中却有很多抱怨型人格，不知道你是否属于其中一种：

一、付出的少，需要的多，如他在努力方面、物质方面和行为方面付出少，而在面子上、尊严上、物质上、精神上的需要多。

二、往往缺乏能力，整天抱怨他人、抱怨一切。

三、不分时间、地点、人物的，所有的他都想抱怨。

四、有的人总是觉得自己是弱者，其核心思想是被害者思维，如果你也有这种思维习惯，一定要想想是不是自己有问题。

抱怨者往往随时会找到一个东西，让自己的情绪有一个出口，他们遇到问题的时候，态度消极，缺少主观能动性，负能量满满，而这个出口不是一个健康的出口，但是他自己却不自知。

通常来说，拥有抱怨型思维的人，寻找解决方法的时候都是顺着"改变周围的环境"的路径去思考，而不是希望通过改变自己的行为而使事件有所改变。这种类型的人，对世界的理解，死死地被困在了"环境"这个思维最底层，从而给自己的发展带来了诸多的困难。

　　小顾硕士毕业，听父母的话考上了公务员。虽然上班清闲，他对自己的工作却不是很满意，总觉得自己的才识、自己所学的专业知识无法实践。于是，每次同学聚会他总是抱怨个不停，一副怨天尤人的样子，不断地吐槽单位和领导。他一方面怨父母让自己考公务员，另一方面抱怨工作中种种不如意的事。最后，他还说信誓旦旦地说，一定要改变自己，一定要做出一些令同学们刮目相看的事情来，甚至还会将他的各种职业规划告诉大家，他一定会如何如何去做，一定会如何如何发展。可是，大话说完之后，他自己却跟什么也没发生一样，继续维持着之前的状态去上班。不但没有见他往自己喜欢的行业去发展，更没有见他去学习进修。就这样，三四年过去了，大家都有了很大的变化，或是加薪或是提升，而他却还是老样子。

他的一位同学小松却跟小顾的人生经历截然相反，虽然小松起初也对自己的工作不满，却没有陷入抱怨、消极之中，为了改变现状，他毅然辞职，到南方的城市去发展。虽然在新的生活环境中，他遭受了很多次挫折，但他都一一挺了过来，一边充实自己一边努力工作。几年后不但升为公司的高管，薪水非常可观，还在公司里收获了爱情。

因此，过多地抱怨除了思想消极，阻碍正常发展，是不起任何实际作用的。只有付诸行动，勇敢地去做，才能真正有所改变。在生活中，小顾与小松的故事每天都在发生，其结局却大不相同。小顾的抱怨思维根本无法解决任何问题，他只停留在表层思考，对事物的反应简单直接，容易情绪化，如此一来，还会使自己的身心遭受折磨；而小松勇于改变，敢于行动，则使自己的人生实现了真正的飞跃。

抱怨型思维严重的人，最典型的态度就是喜欢抱怨，你与他接触时，他负能量爆棚。消除抱怨最重要的一点就是：审视自己，戒掉抱怨。当你想要抱怨的时候，尽量让自己独自待着，不要影响别人。要知道，抱怨是会被传染的，它是一种负面情绪，当你向对方抱怨时，对方也会想要抱怨。如此一来，双方就无法从焦虑情绪当中走出来，大家都会不可避免地陷入抱怨陷阱里。

其实，人生有 80% 的时间都是拿出来委屈的。一个人如果受不了一点委屈，在社会上如何成事？要知道，所有成功的人都是受过巨大的委屈的。那么，当你不抱怨的时候，就意味着你的心态成熟了，思维进步了。

有句话说得好："种一棵树最好的时间是十年前，其次是现在。"与其抱怨连连，不如付诸行动。从现在开始，行动起来，这样你才有可能开启幸运的人生之旅，到达自己想要去的远方。

认知觉醒：推倒惯性思维的墙

认知心理学研究认为，一个人的思维方式往往决定了他看待世界的眼光与认知，同样也决定了他人生发展的轨迹。其实，思维模式和我们的日常工作生活息息相关，平时我们是不是经常会遇到这种场景？每当遇到困难的时候，我们总是用惯性思维解决问题，但是这样做却总是遇到难点，这时如果换个思路来思考，那么这个问题往往轻而易举地就解决了。这是怎么回事呢？

其实，这就是惯性思维模式带来的阻碍，它会让人的思想局限于当下的认知，进而形成一定的盲点，从而无法突破自我。

据悉，在 20 世纪 90 年代，英国的大英图书馆，想要从伦敦的旧馆址搬迁到圣潘克拉斯的新馆里去。这可不是一件像搬家那样轻轻松松就能做到的事情。因为这座图书馆里的藏书有 1300 多万册，可谓世界上最大的学术图书馆。据估算，如此庞大的搬迁工程量，需要耗费至少 350 万英镑。

而且，更让人犯难的是，图书馆的新楼建成之后，大英图书馆已经没有多少储蓄资金可以使用了。然而，当下搬迁的形势却是刻不容缓的。因为一年一度的雨季，眼看着就要到来了。在这之前如果再不将图书搬迁的话，遭受的损失会很大。一时间，图书馆馆长犯了难。没想到这时候，一位年轻的图书管理员找到了他。

"馆长，我知道您正在为图书搬迁的事情犯难，眼下我有个很好的办法，您只要给我 150 万英镑，我就可以帮您解决这个难题了。"馆长见他信心满满地毛遂自荐，也想看看他有什么办法来解决这一难题，于是答应了他的请求。第二天，伦敦的首要报纸上，刊登出了这样一条令人瞩目的消息："即日起，大英图书馆的所有藏书，将免费、无限量向广大市民开放借阅，但因图书馆迁址，请借阅者把书还到指定新馆……"消息一出，图书馆立即就吸引了广大借阅者，大家纷纷前来借书，在短短的一个月时间内，大英图书馆里的藏书，居然完成了90%的搬迁工作量。剩余的少量图书，年轻的管理员又采用人工搬迁，其费用连150万英镑的零头都没有用完，并且在很短的时间内，就完成了这项看似不可能的任务。

打破思维定式，才能推倒思维的墙。当"搬书"这条路行不通时，管理员就转换成"借书、还书"的思维模式——老馆借，新馆还。如此在轻松的"一借一还"中，不仅让大英图书馆的藏书得到了顺利的搬迁，年轻的图书管理员也充分展现了自己的能力与价值。由此可见，惯性思维，就是一种局限性的"线性思维"，我们必须打破这种原有的固化性的思路，勇于改变自己原来的思维模式，才能推倒这堵惯性的墙。

美国作家塔勒布在《黑天鹅》中写道：人类总是过度相信经验，却不知道一只黑天鹅的出现就足以颠覆一切。是的，在澳大利亚的黑天鹅没有被发现之前，几乎所有的欧洲人以至全世界的人们，都以为天鹅只有白色的，因为人们常说在哪儿或哪里看到了一只或几只白天鹅，所以人们都以为世界上只有白天鹅，于是天鹅就是白色的，这就是人们的共识。直到一天，黑天鹅的出现，才推翻了这个上千年来人们的固有认知，给我们的世界观带来了巨大的冲击。

那么"白天鹅"世界观这种惯性思维的墙，其实就是思维障碍，造成这种障碍的原因，就是"思维定式"和"惯性思维"的局限性，它使我们在思考问题时的切入点比较单一，在问题出现的时候，所想到的解决方法就只向一个方向出发，从头到尾，使自己一条路走到黑，这样也就形成了线性思维。

实际上，这个世界任何一种新观念的出现，都足以让整个世界震颤。比如，物理学家伽利略，年轻时做了一个"比萨斜塔"实验，从中证明了轻重不同的物体从同一高度坠落后将会同时着地，从而打破了人们一直认为的重物体先着地的概念，一下了推翻了亚里士多德延续了1800多年的错误论断。

那么，像伽利略这样的科学家为什么那么伟大？就是因为他们的心智模式不是这种惯性思维。只有敢于打破思维的惯性，才能够看到不同的世界，才能遇到更好的自己。要想跳出线性思维的框架，就要懂得"变"。

打拼几年之后，小张终有了自己的新家，就打算把所有的东西都搬到新房里去。但搬家的时候，他发现自己的东西并不太多，而且原租房位置与新的租房位置的距离只有两公里左右，但找一个搬家公司的起步价就要250元，小张觉得这是一笔额外的花销，于是他就想有没有更好的办法，既能轻松搬家又不用花这笔钱。想了一阵子之后，他突然想到了用"打车"的方式来搬家：花10块钱的起步价去打车，每次打车的时候就搬一些东西。结果，他花了30元，打了三次车，就将所有的东西搬到了新家里。

让思维转个弯，就能产生四两拨千斤的效果。就像小张搬家，稍微转换了一下思路，就节省了开支。因此，当直觉让我们走入某个困境的时候，只要我们能让自己的思维转个弯，就会寻得一条新的"佳径"出来。我们只有推倒惯性思维的墙，才能将很多看不懂、想不通的事情看懂、想通，将问题一一解决。

老禅师为了考验小和尚的思维能力，就把小和尚关到了一个封闭的房间里，之后用砖头堵上了房门。告诉他如果能自己找到门，就走出来；如果找不到，就一直待在里面。小和尚只好在房间里仔细寻找，可是任他找遍了房间里的每一个角落，都没有发现房间的门，因为这个房间现在根本没有门。"怎么办呢？一直待在这里岂不要闷死或饿死？"小和尚想。思考了一阵子之后，他忽然一拍自己的脑门：咦？既然房子没有门，那我自己不能造一扇门吗？于是他就推倒了房子的一面墙，把它变成了一扇门，自己从里面从容地走出来。

可以说，每个人的成长中都会遇到墙，并且我们的生活中也会不知不觉地出现很多高墙，这时候不要担心，因为这也意味着这是破局的好机会。因为墙既是隔阂，也是挑战，更是每个人在成长中都要破除的发展障碍。只要我们能跳出思维的框架，就会发现一条光明大道。

《易经》中有一句话："穷则变，变则通，通则久。"没错，当一件事情我们想不通或不知道怎么办的时候，不妨让自己的思维转个弯，一条路走不通的时候，就不妨换另一条路去走。

思维有多远，你就可以走多远。要知道，惯性思维的模式其实就是我们的思想局限于当下的认知，无法突破自我。我们只有突破这种惯性思维，才能够实现自我成长。真正的高手都有破局思维，越厉害的人越懂得打破思维定式。因此，我们要试着推倒思维的墙，破除惯性思维：

一、采取别开生面的方式。平常我们解决某些问题的时候，总是习惯总结以前的经验或是采用老套路，因为我们的大脑总是习惯用优化和简化处理的方式来解决问题，所以我们就会用惯常的思维去解决新的问题。那么，这时候我们就要刻意地避开老套路，启动全面思维模式，从而采取一个别开生面的方式去解决当下的问题，当事情解决之后，就会给人一种别有洞天的感觉，如此就避免了惯性思维。

二、从原点出发，找到无数条射线。我们的大脑在思考的时候，通常会按照习惯消耗的能量最小的方式来进行，所以就会习惯于寻找那些思维舒适区，如此就容易找到切入点比较单一的方式，这样一来，往往就不会解决本质的问题。但是，我们的大脑也倾向于怠懒与舒服，所以它也总是喜欢从原点出发，从习惯出发，那么，这时候我们可以从原点出发，找到无数条射线，而不是一条线段，就可以获得多种方式。因为世界本来就是三维多样的，条条大道通罗马，我们在其中选择一条最合适的就可以了。

第三章

学会看透事物的本质，不要跟着直觉走

生活中，有些人总能一语中的，一下子就能洞察到事物的端倪，道出事物的本质，看透事情的真相，从而一瞬间就能找到解决问题的最佳方案。这样的人才是能力真正强的人。

常见的认知歪曲，你中了几个？

心理学家认为，人类的大脑很容易形成错误的联结。因为我们的大脑往往会在下意识之中，不知不觉地在一些想法、观点、行动和结果之间建立联系，也不管它们之间是否真的有什么关系，就盲目地将它们串联在了一起，造成我们对事物的偏见，甚至是严重的歪曲。

一个女孩恋爱了，心里想的全是男朋友对自己的感情。一次，男朋友没立即回复她的信息，让她有些生气。她又耐着性子等了几个小时，见男朋友仍然没有回消息，心里就认定对方对自己的感情肯定是出了问题——对方肯定是移情别恋或厌弃了自己，于是对方想用这种冷暴力的方式来逼迫她分手。有了这个想法之后，她越想越愤怒和不安，当男朋友看到了消息，给她回电话时，她毫不留情地将对方大骂了一顿，并且让男朋友一定解释清楚为什么没有立即与她联系。这时，她的男朋友则一头雾水，不知道自己到底做错了什么，因为他只是工作太忙没顾上看手机，才没有及时回复她的。她的男朋友被骂之后，心中满是委屈和不解，一气之下，就真的与这个女孩分了手。就这样，原本有感情的两个人，没有最终走到一起。

由此可见，认知歪曲会给我们的生活带来很大的误会，它是由于对自己以及周围世界产生的偏见所造成的，当它成为一个人的日常思维时，就很难对真实的事情进行准确的识别了。这也就是它们会具有如此危害性的原因。

心理学家艾利斯认为，认知歪曲有三大特征：糟糕至极、绝对化、过分概括化。并且，随着年龄的增长，认知歪曲者还会不断巩固脑海中出现的歪曲的想法和信念，如此，发生认知歪曲的情况就会越来越多。这时我们就更加难以改变那些我们根本意识不到却又需要改变的错误的思维模式。

为了帮助我们了解自己是否有认知歪曲，我们有必要对常见的认知歪曲予以分类与命名，以便于我们识别自己的认知歪曲到底到了什么程度。以下是生活中常出现的几种认知歪曲，你可以识辨与对比一下，自己有没有这些情况，如果有又是属于哪一种：

一、以偏概全型思维。在一次某公司员工中 A/B/C/D 的分类测试中，一个员工的成绩为 D，这令他一度情绪消沉，觉得自己做不了这份工作，就辞职了。他觉得自己天生就是个失败者，甚至不敢再去找工作。这种用片面的观点来看待整体问题的思想，是思维歪曲的表现之一——以偏概全型思维，这种认知总是在一次具体事件之后再将一件事情的结论概括为一个整体模式，而不能全面看问题。

二、公平谬误型思维。有些人总是以自己"是否感觉公平"来判断每一次事件的对错，而忘了"万事公平"只是一种理想的状态，于是当他遇到一种不公平的事情时，他就会感到愤怒绝望，从而使自己陷入"公平谬误"之中。虽然我们都希望公平，但这种情况并不现实。

三、预测未来型思维。比如，一个事业有成的男子三十五岁了还没有遇到爱情，于是他就预言自己将不会遇到爱情了。这种轻易做出结论并将之视为绝对真理的预测，就属于"预测未来型思维"。这样的人往往在几乎没有任何证据的情况下，便认为自己的预测是事实。

四、应该型思维。有些人总是要求他人或某事情发展"应该怎么样"或者是"应该不怎么样"，结果，则往往会因他人或某事未能达到他们的期望而感到失望或愤怒。因此，这种将某些不恰当的期望强加给他人的想法是一种歪曲的思维，是一个极具损害性的认知。

五、低估正面信息型思维。有的人会把自己的优秀表现或能力归因于上司或他人，从而低估正面信息，而认识不到或不敢承认自己的优秀。殊不知，这种认知歪曲危害很大，它会不断促进负性思维模式的持续，从而使自己从优秀变得平庸。

六、正确型思维。有的人不惜浪费很长时间在一个观点上与他人争论不休，直到他人认输了或证明自己是准确的，才会罢休。殊不知，这种"我必须是正确的"思维也是一种严重的认知歪曲。因为这种绝对不能接受犯错的想法，远远超出了理性思维。

七、非黑即白型思维。有的人看事情黑白分明，对一件事的要求很极端，要么完美无缺，要么丑陋不堪。这种没有"灰色地带"的认知，也是一种歪曲思维。

八、夸大或贬低型思维。有的人往往会对一件平常的事情过于夸大或贬低，如当自己取得某一成绩，就认为自己是个非常了不起的人；当自己将某一件事没处理好，就认为自己是个一无是处的人。那么，这种认知也是一种歪曲型思维，对自己的发展有很大的负面影响。

九、贴标签型思维。生活中有很多人喜欢给他人贴标签。比如，一位服务员因态度不够热情，而被顾客贴上服务不周的标签；一个老师因为批评了学生，而被家长贴上"问题老师"的标签。殊不知，这种根据某一事件来评估他人是错误的，因此给他人贴标签的思维也是不正确的。

十、读心型思维。有些人，当看到他人不是很开心的样子，往往就会认为他人可能对自己有意见。殊不知，这种在没有充分证据的情况下认为自己知道他人在想什么的思维也是一种歪曲的认知。

十一、情感推理型思维。有些人非常相信自己的感觉，当某人对其微微一笑时，便觉得对方对自己有意思。这种情况，虽然大多数人都曾在这样或那样的时间里出现过此类认知歪曲，但是，这种盲目的情感推理，是一个普遍的认知歪曲信念，一点准确性都没有。

上述这些认知歪曲，皆源于错误的思想观念。它是我们对自我的观念、想法和判断极其主观片面、缺乏充分依据的结果。因此，我们要对自己的认知进行评估，看自己的认知歪曲属于什么类别，然后进行纠正或改正。要知道，虽然这些认知歪曲在生活与人群中普遍存在，但这也并不代表我们必须要不假思索地接受这些不正确的认知模式。

心理学家认为，一个人认知过程的偏差，是在某种情境下心理障碍所产生的情绪和行为的反应。因此，要修正我们的认知歪曲，首先调节一些不合理的情绪和行为模式。

对此，美国心理学家贝克推荐使用以下障碍性思维记录的方式，来帮助我们识别和修正自己的认知歪曲。首先，你要找一张纸，按照以下六步进行练习：

第一步：那些容易让自己产生负面情绪的情境，都一一写出来，比如在哪里、在做什么等一些相关的背景信息。

第二步：当自己产生情绪的时候，评估一下自己在该情境情绪的强度是多少，范围应从 0（最弱）到 100%（最强）的方式来判断。

第三步：将自己的负面想法以及当时的画面与感觉都写出来，以确定自己的想法。

第四步：填写各种证据，尤其是支持主要想法的一些证据，都要一一写出来，并且一些驳斥该想法的证据也要写出来，用来帮助我们确定该想法的准确性，从而做出明智的判断。

第五步：当发现自己的确有很多或很强的负面想法时，一定要用一个更准确、更符合实际的想法，来替代之前的想法。创造的条件，可以根据支持和驳斥最初想法的证据来进行。

第六步：对自己的自动化思维进行准确而客观的评估，再对自己的情绪强度进行评估，从而让自己准确地分辨事实与想法之间的区别，使自己看清想法与感受之间的联系，将消极或非理性的想法筛选出来，从而重建适应的、合理的思维模式。

你思考了吗，自己是跟着直觉走吗？

记得 20 世纪 90 年代，有一首很流行的歌曲叫《跟着感觉走》："跟着感觉走，紧抓住梦的手，脚步越来越轻越来越快活……"这歌词"跟着感觉走"的意思，就是我们说的"跟着直觉走"，随着自己的心意去做事。因为"直觉"是指我们不通过过多思考的决定。

心理学研究认为，直觉是我们的大脑在接收庞大的信息后，经过潜意识运算后，反馈给我们的一个结果，因此这样的结果是没有经过深思熟虑的，更不是我们通过理性分析以及再三权衡利弊后做出的决定。可以说，它就是一个直接跳出来的结果。因此，当我们在面对一件事情的时候，往往会突然出现一个念头、一种感觉等，这第一个出现的念头、感觉，就是我们的直觉。比如，青年男女之间的"一见钟情"，凭的就是各自的直觉；儿童总是亲近一个人或总是疏远一个人，凭的也是他自己的直觉；还有一些急中生智、随机应变的事情，凭的也是直觉。

生活中，许多糟糕的决定之所以会产生，大都是凭直觉做出的判断。因为迫于时间的压力或者对重要信息无法完全掌握，也就只能凭直觉来处理一件事情。据悉，美国认知心理学家加里·克莱因曾经研究人的直觉思维好多年，他在多年的跟踪研究中发现，我们至少有80%的决定是靠直觉来完成的，因为它是一种最快捷的处理问题的途径。

生活中有很多人喜欢说一些模糊的话，如"我感觉这事不对啊"或是"这样做肯定有问题吧"等，这种说法的目的不外乎是自己的思考推理能力不足，想要对方有超强的理解认知来给自己补位。其实，这样的人之所以会选择模糊的直觉，而不是理性的策略，主要是因为理性的分析虽然能够权衡利弊得出正确的结论，但它却需要掌握充足且准确的信息才可以进行，这样一来，就需要大量的时间和精力来完成。

据说，小提琴演奏家帕格尼尼，在一次重要的演出时，他所弹奏的小提琴的四根琴弦突然断了一根。这时，现场的观众都在想：糟糕了，他怎么演下去呢？但是，帕格尼尼却没有丝毫的不安，他坦然自若地用三根琴弦继续为大家演出。可是没想到，接着，小提琴的第二根琴弦，也"嘎"的一声崩断了！观众又想：啊？第二根也断了，怎么办呢？这下演出真要中断了吗？然而，演奏仍然没有中断。可是，最糟糕的是，接着第三根琴弦也断了！这下，彻底要完了，大家以为这场演出肯定要半途而废了，于是纷纷准备起身离开，然而，帕格尼尼丝毫没有惊慌，他仍然站在台上，用娴熟的手法在一根琴弦上弹奏，并且声音清脆、悠扬。他在大家的惊异之中用仅剩的一根琴弦演奏完了整首曲子，自然也获得了异常热烈的掌声。这就是一根弦奇迹！

后来，有人通过研究帕格尼尼"一根弦的奇迹"发现，原来一根弦的秘密是帕格尼尼长期而细致练习的结果。由此可见，理性才是成功决策的关键。当我们用自己的直觉做决定时，这个决定很可能会基于之前的社会经验或其他刻板印象的影响，使我们很容易图一时之快而忽略其他的可能性。那么，但凡有成果的事情，大都是在精雕细琢中产生的，而一瞬间的直觉是很难妙笔生花的。

并且，直觉所带来的东西，往往还带有一定的片面性与危险性。比如，很多人会受到销售员营销花招的诱惑或鼓动，从而买下自己本不需要的物品；再如，发生火灾时，有些人会轻易地选择跳楼逃生，结果毁灭得更快些……所以，只是凭直觉办事，难免会漏洞百出。

其实，生活中我们也常听有人说"下决定时要保持理性，做选择时要慎重"这样的说法。因为靠"直觉"来做决策，并不是良好的选择。比如，在招聘新员工的时候，如果领导在面试的时候，基于大众印象中所谓"好人才"的刻板印象来进行选择，也就是凭自己的直觉来挑选新人，那么，就很可能会直接拒绝一位有利于单位发展的"潜力型人才"。直觉决策的结果肯定不如理性分析，有时间理性分析或思考却反凭直觉简直就等同于不靠谱决策。

但是，人们却往往习惯于凭自己的直觉去决策，以至于造成了不良的结果而追悔莫及。既然我们知道了直觉思维的坏处，最好的选择就是想办法去避免，尽量避免直觉带来的不良决定。

如果我们想将一些事情交给直觉去打理，最好能通过一些方法来把"理性练成直觉"，如通过学习、练习、实践、思考等方式，可以事先划归一定范围的琐事交由直觉处理。但在重要的事情上，我们还是要多加注意，以此来获得理性直觉。具体可以尝试以下几种方法：

一、平常要有意无意地进行深度思考，通过深度思考来培养自己敏锐的洞察力。比如，让自己学会多角度、多维度、多层次的思考问题的能力；对一件事情，训练审查全面的能力，让自己以较快的方式来看清它的全貌，从而做出正确的选择，以免直接思维带来的误判。

二、通常直觉判断不是凭知识与规律，而是凭主观意愿来下决定的。因此，为了让直觉判断得更精确些，我们平时要不断学习，多掌握一些广博而坚实的基础知识，多学习不同学科的重要理论，让自己掌握科学的思维模型，往往就可以减少直觉带来的误判情况。

三、要想让直觉思维变得迅速、灵活与机智起来，仅凭书本知识是不够的，这还需要有较多的经历。比如，解决一件事情，需要调动我们大脑中的三个神经元 —— B 神经元、E 神经元和 R 神经元，因此平时就要多调动、使用它们，等它们三个连到一起之后，这个能力就长到了你的脑子里，就可以帮你良好而及时地处理问题。因此，平时我们要刻意练习，实践自己的判断能力。只有多经历事情，积累丰富的生活经验，才能凭理性直觉解决各种复杂的问题。

如何看透事物本质？需要这种能力

生活中，我们会发现，有些人总能一语中的，一下子就能洞察到事物的端倪，道出事物的本质，看透事情的真相，从而一瞬间就找到解决问题的最佳方案，这样的人才是能力真正强的人。

但生活中大多数是普通人，能做到一眼看透事物本质的人并不多。因为很多人根本不知道，什么是事物的本质，什么是事物的表象，又怎么能一眼看透本质呢？其实，想了解这些并不难。比如，当我们想要灯亮的时候，就要按下开关。但这时我们心里清楚地知道：让灯亮的并不是开关，而是与开关相关联的电源——开关本身并不能让灯亮，那么，这时候我们就应该想到：电力以及电路的供应，就是让灯亮起来的本质。而按下开关灯就亮了，这个行为方式就是表象。

因此，这时候我们就应该明白：一件事物呈现给我们，让我们眼睛看到，内心中感受到它的样子，就是表象；那么，所谓的本质，就像一件事物被扒掉了所有外衣，所呈现出的一丝不挂的本来样子。当我们明白了这些，想一眼看透事物的本质，一瞬间找到问题的正确处理方案，也并非难事。

　　有一家生产大牌牙膏的厂商，一直都在追求卓越发展，它们的产品由于品质优良、包装精美、价格实惠而受到广大顾客的喜爱，营业额连续多年都呈现递增趋势。可是，近两年，它们的营销业绩却一度停滞下来，很长时间都是如此。虽然也实施了几个调整方案，但均不见成效。怎么办呢？公司的高层领导有些急了，就召开了一个商讨对策的大会。大会上，公司最高领导说："如果谁能想出一个解决销售业绩的办法，能让公司的业绩立竿见影地增长，就对谁重奖五十万元。"如此大奖一出口，员工们立即哗然。五十万元奖金固然很有诱惑力，但是营业额的业绩不是那么好提升的。就在大家绞尽脑汁的时候，有一个年轻人站了起来，他走到最高领导跟前，递给他一张纸条。没想到领导看了他的纸条后，不但面露喜色，还立即给他开了一张五十万元的支票。

　　原来，年轻人的那张纸条上写着：将现在牙膏开口扩大一倍。牙膏开口扩大一倍意味着什么？想想，消费者每天刷牙时挤出的牙膏开口扩大了一倍，就等于每个消费者每天都多用了一倍的牙膏。那么，如此一算，每天的消费量不也增加了一倍吗？如此，销售业绩能不成倍地增长吗？

　　那么，为什么在众人召开的大会上，就这个年轻人可以想出"将牙膏开口扩大一倍"的办法呢？答案只有一个：他有透过现象看到本质的能力！当所有人还在苦苦思索、不知所措的时候，他已经在快速地分析，洞穿了事物的本质，从而迅速地解决问题，所以他能够抢得先机。那什么叫作"透过现象看本质"呢？

老李开了一家手工馒头店，特色就是以手工为主。但是馒头店开了一年多了，生意一直做不大，总是一种略微赢利的状态。这令老李很是苦恼，就向开面食店多年的老孙请教。他说："老孙哥，我认为手工馒头不但有传统的味道，而且还健康卫生，为什么大家不怎么喜欢，还都去购买那些机器蒸的馒头呢？"老孙听了立即反驳说："你那么看重手工有啥用呢？要知道，你这馒头店的生意营业额与你的手工没多大关系。因为馒头好不好吃，主要在面粉的质量、面的结构、面团软硬度，以及馒头的口感是否适合大众等，而不在于它是手工做的还是机器做的，明白了吗？"

听了老孙的话，老李似乎有一种醍醐灌顶的感觉，他激动地说："这么说只要馒头满足了'好吃'所需要的条件，无论它是机器做的还是手工蒸出来的，它都是一样的结果，对吗？"

"是啊！只要'好吃'，手工馒头和机器做的馒头都是一样的。但是，手工馒头对手工馒头师傅的素质要求却特别高，因为手工的食品会受到情绪、状态等因素的干扰，而会影响'好吃'的结果。但机器却不会受此影响，所以它每次做的馒头都是一样的味道，所以你看那些大型的饭店与超市，都在买他们的馒头，于是这就导致了你手工馒头店的生意一直都不会太好。"老孙语重心长地对老李说。

由此可见，我们普通人的思维方式基本就与老李一样，只看到其然，却看不到其所以然，而老孙却洞穿了问题的真正本质。所以，认知能力普通的人与认知能力高的人，双方差的就一个高效的思维模式，一种看透本质的能力。那么，为什么像老李这样的普通人，半辈子都看不透的事情，而像老孙这样的高手，却可以在一瞬间看清其本质呢？他们又是如何做到的呢？

这就需要先分清楚什么是事物的本质，什么是事物的表象。比如，我们养的一只狗狗不听话，在家里上蹿下跳的。我们一气之下，将它暴揍一顿，这时狗狗变老实了，不敢再淘气，那么，这个"被棒揍听话了"的狗狗的表现就是我们看到的表象，因为我们根本就不知道狗狗的内心是什么样子，或许它已经无数遍地咒骂我们了呢。那么，我们为什么无法通过现象看到本质呢？

其实，这有一个重要的概念——认知盲区。什么是认知盲区呢？比如，到目前为止，虽然航天科技很发达，但我们还是不知道到底有没有外星人。那么，这个"不知道"就是我们的认知盲区；再如，我们不是亿万富翁，就永远也想象不到亿万富翁是一种什么样的体验。这是因为我们对事物的认知能力，被我们生活的环境、拥有的学识和眼界等因素不断地局限。因为存在这种盲区，所以我们就无法做到真正地客观，从而导致我们只能看到事物的冰山一角。

如此一来，我们连事物的样子都没看清楚，又怎么能全面地看待问题呢？所以，要想透过表现洞察本质，我们还需要提升自己。

一、破除"认知盲区"。心理学家认为，认知盲区是阻挡我们看到问题本质的核心杀手，所以我们一定要先破除它。但是，破除认知盲区又岂是一件容易的事，这时我们要意识到自己身处达克效应之中。这种效应，是指那些能力欠缺的人无法正确认识到自身的不足，从而出现了辨别错误的行为，所以在心理学上这也是一种认知偏差的现象。比如，越是那些没有什么能力的人，越盲目自信，常常表现出一副趾高气昂的样子，因为他们根本就认不清楚自己。

那么，如果你是一个有这种认知偏差的人，而你又想改变这种状况，那你就要按以下方式去行动：当你觉得一件事情与自己认知不符时，应在第一时间反思自己，自己达不到那个境界，自己是否在这方面的学识、思维、经历等有一定的欠缺，从而使自己理解不了这样的事情。如此，我们才能有动力不断地去学习，不断地去探索更多未知的领域，从而才能去打破自己的认知盲区。

如此坚持下去，我们的认知盲区就会越来越少，我们洞察事物本质的能力也会越来越强。

二、培养深度思考的能力。可以说人人都有一定的思考能力，但是浅显的思考与那些有深度的思考是完全不一样的。比如，电影《教父》中的教父柯里昂说："花一秒钟就看透事物本质的人，和花半辈子都看不清事物本质的人，二者的命运，是注定截然不同的。"这就是说，对于一件事情，如果你能直接找到它的根本所在，与你一直飘忽在它的表面形象是大不一样的。

比如，你终于得了一幅充满了艺术气息的古画，这时你急着想将它挂在客厅的墙上，来展示一下。但是，当你准备好了挂画的钉子之后，却怎么都找不到将钉子钉进墙里的锤子，那么，这个时候你会怎么办呢？是先不钉了？还是去商店买一把锤子回来再钉？或者是等什么时候找到锤子了，再去钉？对于这个问题，可能绝大多数人会在上述的这三个方案中做选择，因为普通人的思维常常会卡在这里。但却有极少数的人会想到用石块或其他可以立即拿到的硬物将钉子砸进墙壁，不是一切都可以了吗？因为锤子并不是完成这件事的目的，它只不过是一个手段，我们的目的是如何把古画挂在墙上，所以只要有东西可以将钉子砸到墙上去就可以了。对于锤子，完全没有必要去费那么大的精力。

创造属于自己的概念，才不会盲目

人生如戏，世事无常。我们只有做自己，做真实而又强大的自己，才能被别人看得起！因此，我们一定要学会独立自主，勇于保持自己的个性，彰显自己与众不同的独特风采，不人云亦云、盲目跟风，才能创造出属于自己的宁静与纯粹，人生才能快乐而有价值。

但是，生活中却很多人喜欢盲目从众，人云亦云，别人干什么，他就干什么，不动脑思考，从而盲目地追随和模仿别人。

有这么一个笑话，路上的行人很多，突然其中的一个人停了下来，他抬起头使劲地望着天空。这时，旁边的一些路人非常好奇，也都纷纷地抬起了自己的头，使劲地朝天空看，试图让自己寻找到什么异常的情况来。这样，抬头观看天空的人越来越多。这时候，第一个抬头观看天空的人，终于低下了头，他说："哎，头抬了半天，鼻血终于止住了。""啊！"……旁边的人才明白怎么回事！

这个笑话虽然简单，但它却深刻地告诉我们：大家都习惯于盲从于他人，在没有搞明白事情之前，盲目跟风，纷纷加入其中，也不管某些东西是否真的适合自己，从而做出一些幼稚而可笑的行为。

因此，不管遇到什么事情，我们都一定要调查清楚之后再行动，不要盲目地去追随别人。因为别人不一定是对的，盲目地去跟风，只能让自己成为乌合之众中的一员。要知道，世界的多彩，源自你我的精彩。傲然独立，不走寻常路，才能做最好的自己。盲目相信他人，只会让自己陷入假象。只知道跟着别人跑，很多时候掉在陷阱里都可能不知道怎么回事呢。

　　山脚下有一片大森林，森林里有一个大湖，湖边植物茂盛，水草丰美，因此这里也居住了很多野生动物。一天，长在湖水边的椰子成熟了，从高高的椰子树上落进了下面的湖水里，不但溅起了一片水花，还砸得水面"扑通"响了一声。这时，正好一只兔子在旁边吃青草，听到声音立即被吓了一跳，以为这是山妖的叫声，吓得它转身就逃。逃到一只狐狸的身边，狐狸很是奇怪，就问兔子："你跑这么快干什么呀？"兔子边跑边说："扑通来了！快跑呀！"狐狸一听，以为"扑通"是什么可怕的怪物呢，也就跟着跑了起来。这时一只老虎看见狐狸在奔跑，就好奇地问："小狐狸，你不是一向诡计多端，什么都不害怕吗？现在跑什么呢？"狐狸边跑边说："扑通来了！快跑吧！"老虎一听，也以为"扑通"是什么可怕的怪物呢，自己也跟着跑了起来。就这样，整个森林里的大大小小的动物一个跟着一个地像着魔了似的纷纷奔跑了起来。

后来，大象遇见了正在奔跑的动物们，感到非常奇怪："喂，朋友们，我们的森林里举办体育比赛了吗？你们都在跑什么呀？"这时，一只狮子气喘吁吁地对大象说："你也快跑吧，大象哥，扑通来了！"大象一听更奇怪了，又问狮子："扑通是什么？它很可怕吗？它在哪里呀？"狮子摇头说："我不知道。"

"你不知道？那你还跑什么？"大象更奇怪了。"我是听老虎说的。"狮子说。"哦，那我们一起去问问老虎是怎么回事吧！"于是大象与狮子为了查明真相，就一个一个地追问，最后问到了兔子。"这个可怕的声音是我亲耳听到的，不信我带你们去看，你们就知道'扑通'是什么了！"兔子说完就带着大家来到了湖边的那棵高大的椰树下。

正巧，这时又有一个熟透的椰子掉进了水里，发出一个很大的响声——"扑通"。"哎呀，扑通就在那里！你们都看到吧？"兔子指着湖水里的椰子战战兢兢地说。"哈哈……"动物们都大笑了起来："这是椰子落到水里的声音呀，有什么可害怕的呢？"

上面的故事虽有些滑稽，却清楚地告诉我们，不要轻易相信他人的言行，不要轻易丧失自己的思考能力，更不要人云亦云，否则，你就会做一些无聊而又无意义的事情，甚至被假象蒙蔽。

可能有时候我们听从别人的意见是为了让自己更合群，但为了合群而丧失了自己的独立自主则是一种悲哀。把自己宝贵的时间、精力和金钱，浪费在不适合或愚昧的事情上，简直是对生命的伤害。因此，我们一定要注重自己的分析，培养独立判断的能力。生活中不管遇到什么事情，我们都要学会多动脑，才不会白白浪费了自己的时间和精力。

撒切尔夫人小时候，父亲对她有着非常严格而又与众不同的教育。据悉，在她五岁生日那天，父亲非常严肃地对她说："我的女儿，我知道你是个聪明的孩子。你要记住：凡事要有自己的主见，要学会用自己的大脑来判断事物的是非，凡事千万不要人云亦云。这就是爸爸给你的最重要的生日礼物，你要把它记好了，它会让你受用一生，比那些漂亮衣服和玩具对你有用得多！""嗯，好！"看着父亲严肃的样子，小玛格丽特认真地点点头。

有了父亲这样一个特殊的"人生导师"，玛格丽特无时无刻不在坚实地成长着。入学之后，玛格丽特惊讶地发现：同学有着比自己更为自由和丰富的生活。比如，他们可以上街游玩，可以骑自行车去郊游，还可以去山坡上野餐，一切都是多么好玩啊。

于是，玛格丽特鼓起勇气跟父亲说："爸爸，我也想跟同学们一样玩游戏。""你必须有自己的主见！不要见人家做什么你就做什么，你要自己清楚地知道你该做什么或不该做什么，而不是随波逐流。"父亲说。

玛格丽特听了点点头，没有说话。父亲又接着说："不是爸爸限制你的自由，也不是爸爸故意不让你随大家一样去玩。而是你应该要有自己的判断力，有自己的思想。如果你想和普通人一样整天都沉迷于游乐，而白白浪费掉现在这个学习知识的大好时光，那你的将来一定会一事无成的。这些人生的道理我都告诉你了，你自己做决定吧！"

父亲的这番话，深深地印在了玛格丽特的脑海里。终于使她明白，是啊，为什么我要学别人呢？他们要做什么关我什么事呢？我有很多自己的事要做呢。

就这样，在父亲的教导下，玛格丽特成了一个有主见、有理想、特立独行、与众不同的优秀女性！她那种独立的个性使她在众人中熠熠光辉，最终成为连任三届的首相。她不但执政英国十二年，在世界政治舞台上，也是个叱咤风云的杰出人物！

是的，做一个独特的、与众不同的人，才能在泛泛大众之中脱颖而出，才能像撒切尔夫人一样不泯于芸芸众生之中。要知道，世间只有一个你，一个独特的你，所以，你一定要做一个有独立思想的人，找寻那些适合自己的东西，然后，发挥自己最大的光和热。世界就会因你而精彩！

大千世界，事物错综复杂，适合自己的地方，就是最好的风景。因此，我们切不要盲从于他人，要像撒切尔夫人一样学会创造属于自己的世界。那么，如何培养独立自主的能力呢？下面几个方法可供借鉴：

一、善于发现问题。发现问题，明确问题，是解决问题与取得进步的前提。因此，当事情发生的时候，先要想一想这件事的问题究竟是什么？它的根源在哪里？然后再去想解决办法，从而练习自己的思考能力与解决问题的能力，锻炼思考力，如此遇到事情时就可以自己处理，而不用盲目地听从别人的了。

二、练习独立自主。话说"自己的事情自己做"就是一句很好的格言，因为事情如果自己能做，就不要去求别人。如果自己什么都不会，总是向别人索取，也就与成长无缘。因此，经常练习独立自主的能力，凡事尽量自己去完成。让自己具备一种独立自主的精神，让自己具有独立思考的能力。就会成为生活中的强者，遇到任何问题都可以自己解决。

三、充分认识自己。哲学家苏格拉底告诉我们：一定要认识你自己。是的，想要做一个思想者，就先从认识自我开始。因此，在认识这个世界之前，我们一定要先了解自我、认识自我。要清楚地知道自己想要什么，不想要什么，方向是什么。这个认识自我的基础，才是具备思考能力的开始，我们才能做出正确的判断和选择。

只有认清真相，才能不偏不倚

生活中，很多人信奉"眼见为实"这个观点，认为自己看到的就是真的。可是我们看到的情况与事实的真相，难道就是一样的吗？实际上则不然。

"不识庐山真面目，只缘身在此山中。"这两句是宋代大文豪苏轼的名诗，这两句诗的意思是说，由于我们身在庐山之中，视野为庐山的峰峦所局限，因此不能辨认庐山的真实面目，只能看到庐山的局部——一峰一岭、一丘一壑而已。如果以此来评价庐山的样子，必然带有些许的片面性。比如，《逍遥游》中有这样一句话："天之苍苍，其正色邪？其远而无所至极邪？其视下也，亦若是则已矣。"庄子这话的意思大概是说，广阔的天空苍茫茫的一片，难道这就是它真正的颜色吗？还是因为它太高远了，我们抬头向上仰视，怎么都没法看到它的尽头，它才呈现出这样的样子呢？如果我们从高空往下俯视它的时候，那它也是这个样子吧？

其实呢？天空是无色的。为什么呢？我们可以想象一下：当我们乘坐飞机飞到数千米高空的时候，我们从飞机的窗户往外看，这时我们周围的天空是无色的。那么，这时我们再抬起头，看向更高更远的天空的时候，它还是会呈现出一片"苍茫"，向下看向地面的时候也是"苍茫"的。

但是，这种"苍茫"的感觉，并不是天空真正的颜色，只不过是由于我们自己所处的位置过于高远而产生的错觉而已。所以，不管什么时候，当我们所处的立场不同时，事物所产生的视觉色彩都是不同的，因为它本来并不是这样的。

因此，我们总是以自己的眼睛为凭，这是不准确的。很多事情，就算是我们亲眼所见，但它仍然充满着不切实际的幻觉。因此，对一件事情，我们只有真正地全面了解了，才能做出不偏不倚的评判。

那么，当你看不清一个事物的真实面貌的时候，其原因不是你看问题的角度单一，就是你看问题的深度不足，或者是你对该事情收集的样本数据量不够等。总体来说，就是因为你对它还没有足够的了解，你又怎么能知道它真实的样子呢？

因此，对于一件事情，要想做好它，就必须经过深入的研究与了解，才能够发现事物的真相。

司马迁写《史记》达十八年之久。他写到战国时期魏国历史的时候，他听说强大的秦国，为了灭掉魏国曾引用黄河里的水来淹没魏国的都城大梁。但这只是一个传说，不知此事是否属实。于是为了弄清历史的真相，司马迁亲自来到了魏国的大梁。来到之后，他又上到大梁的城墙上，在上面爬高走低地寻找当年打仗的痕迹，查看到底有没有黄河水淹的情况。之后，他又找了多名当地的老人，向他们耐心查问当年的情况。最终，他掌握了大量的真实资料，足以证实当年秦国确实利用黄河水来淹灭大梁，于是，他才把这真实的史实记入《史记》之中。

可见，如果司马迁不去进行实地考察，他怎么知道水淹大梁是真的呢？如果这本《史记》没有实际价值又怎么能流传千古呢？因此，当我们全方位的思考，像观察一个球形物品一样去看待这个事物，它所有的样子才会呈现在我们的面前。一件事情我们只有真正地了解之后，才能知道它的真相，对它做评估的时候才能不偏不倚。

那么，我们一定要注意，在看待一件事情时，我们所处的位置和立场，会自动地为这件事情涂抹上相应的感情色彩，同时会为这件事物贴上相应的标签，如此一来，它虽然就是我们看到的样子，但这却不是它真实的样子。一定要注意这一点，才能更准确地确定一件事。

丰子恺先生在漫画方面具有很高的天赋。有一天，他忽然灵感来了，就随手画了一幅《卖羊图》。画面上，一个头戴毡帽、身穿长衫、外套马甲的老农手里牵着两只羊，大步来到了一家羊肉馆里，要将羊卖给老板。这幅画画得很顺畅，完成后，丰先生非常满意，就想拿出来展示一下。于是他就带上《卖羊图》来到了一家羊肉馆，想让羊肉馆的老板和喝羊肉汤的顾客都欣赏一下或夸赞一番。不料，《卖羊图》展出后，一位农民顾客连连摇头。

这令丰先生很是纳闷儿，于是他就上前向老农请教，问他为什么一边摇头一边发笑，是这幅画哪里有问题吗？老农一听，客气地说："当然有问题了！"丰先生赶紧问："问题在哪儿呢？"老农说："多画了一条绳子啊。""哦？是吗？"丰先生听了，赶紧回过头来，仔细看了看自己的画：两条绳子牵了两只羊，哪里多了绳子呢？这时，老农走到他身边，认真地告诉他说："您可能不知道，不管多少只羊，牵羊时只需牵头羊就可以了，所以这画上只要一条绳子就够了。""哦，有道理！"丰先生这才恍然大悟，从而知道了赶羊群的真相。

从上文丰子恺《卖羊图》的故事中，我们可以得知，对于一件事物，没有实地考察，就不要妄下结论，因为我们平时看到某事物的第一个样子并不是它的全貌，经常都是它的其中一面而已。当我们把这个事物所有的变量都收集完全之后，就会发现其中有各种各样的"偏见"。这是因为只要有立场，只要有之前的概念，就会带有感情色彩，就会在一定程度上掩盖现在的真相。

因此，我们平时对客观事物的认识与了解难免有一定的片面性，但这样的偏见如不及时地纠正，不仅会给我们带来一定的隔阂，还会带来一定的风险。

那么，怎么才能看清事物的"庐山"真相与全貌呢？其实，苏轼的那两句看似平常的诗，还包含着一个为人处事的道理：要想认识事物的真相与全貌，就必须超越狭小的范围，才能摆脱主观成见，才能对事物有个不偏不倚的认知度。

孔子非常喜欢诗经中的《关雎》，他是这样评价音乐方面的："乐而不淫，哀而不伤。"《关雎》之所以好，便是因为它不走极端。因为其中的"淫"和"伤"对于"乐"和"哀"而言，都是偏激，而"不淫"与"不伤"，就是中和而不偏激的，所以它是一种良好的情感状态。

要知道，在爱情中，男女之间的感情关系很容易出现一种偏激的情形："爱之欲其生，恶之欲其死。"就是自己爱对方的时候，希望他什么都好，能长久地活着；当自己不爱的时候，对方的一切好处都会变成咬牙切齿的恨，从而恨不得对方立即从世界上消失。以这种感情上的偏激，这时候对对方的评价就很难站在客观的立场做到不偏不倚。

这就说明了事物都有两极性与多极性，如果我们只从其中的一极入手，就会陷入偏激的一面或多面之中。因为当我们有了一个特定的立场之后，内心的澄明本真就会被这个立场的概念蒙蔽。

要解决看清真相的问题，就要先跳出当下所处的环境，然后，从一种局外人兼局内人的视角进入其中。通过"多角度、多维度"的方法，让自己去全面地观测这个事物的进程，去跟踪它的变化，才能看清事物的全貌。

做到这样，需要我们真正打开自己的格局与视野，得到相对真实的数据，让事实去佐证事物的准确性以及合理性，才能不偏向任何一极，才能更接近真相。

第四章

认知体系调节：重新建立自己的认知模式

人与人之间的差别，不在于起点高低，而在于认知。一个认知层级不够高的人，在人生的成长发展上，不可能胜过那些认知能力超越自己的人。

为什么知道很多却依然过不好?

"懂得很多道理，却依然过不好这一生！"生活中，相信大部分人会有这样的困惑：明明自己已经知道了很多，年龄也老大不小了，但生活却依然一地鸡毛，人生各方面都过得不尽如人意，但自己又不知道问题真正出在哪里。

作家韩寒拍了一部电影《后会无期》，讲述的是一个人生励志故事。该影片中，有个叫苏米的女孩，她善良、温柔、聪明、温婉可人。但是，她却有一个不幸的命运——被一个犯罪团伙控制了，这伙人经常利用她来坑害别人，设一些"仙人套"等类似的害人把戏，不但坑害了很多老实善良的男人，也严重伤害了苏米自己。

开始苏米对此不明其究，后来她终于看清了这伙人真面目。这时，清醒过来的苏米说出一句发自内心的经典台词：从小到大听了很多大道理，可依旧过不好我的生活。

观看了这部电影的许多人，无不感觉到这句话深刻地折射出自己的内心。是的，这是为什么呢，自己明明知道那么多道理，为什么还过不好自己的人生呢？

其实，虽然许多人听过这句话，却很少有人深入地探究这种普遍现象发生的真正原因。殊不知，知道得多与做不做是两码事，做了与怎么做的又是另外一回事。因此，虽然道理你都懂，但是你做不到，抑或应付差事、草草了之。如此与认认真真去做，是完全不一样的。

一位业务员，虽然自己知道很多相关的业务知识，但是在实际工作中，他却不愿意详细地给顾客介绍商品的功能与情况，顾客询问的时候，他也是嫌麻烦而简单回答一句了之。结果，他的业务一直不好，每月的业绩都不达标，收入也就很少。他感觉这份工作越来越没劲，也越发显得无精打采，不想再干下去了。

因此，知道得很多，生活却没有改善，甚至更糟糕了，这背后的原因是什么？其实，这与一个人的思想行为有很大的关系，与一个人的认知能力密切相关，与他知道多少并没有多少关系。而且，这种自认为"懂得很多"的认知，本身就是有问题的。

因为一旦觉得自己懂得很多、很了不起之后，鉴于大脑的一贯方式，它就会努力接近安稳、舒适和满足的状态，就会利用一切方法使其合理化。比如，一些有懒惰习惯的人，此时就会更加热衷于躲避工作而不愿意付出任何代价，自己乐于去享受眼前所拥有的成果，便不思进取。

要知道，无数人有这种体会：虽然懂得很多道理，却仍然没办法让自己过得更好，这是为什么呢？其实，做人偏执和做人灵活，注定是两条截然不同的路。这个要从人性的弱点来分析，因为大多时候，人是感性的。就看你自己是否能多一些理性，能不能坚持下去。

　　一位在职场上打拼了多年的销售精英，最近跳槽去了一家新公司。这家新公司花高薪聘请他担任销售部门的总经理，任务是让他来扭转公司近两年来持续亏损的局面。

　　可想而知，这是个非常严峻的担子。于是他凭着自己多年来在职场上摸爬滚打的经验与策略，一上任就策划了一套细致的方案，并一一严格地执行。但是，一段时间之后，结果却并不理想。

　　这令他很意外，因为他觉得这些方案都是他亲自体验与操作过的，按理说纵然不能起到立竿见影的成效，起码也会有一部分的改变，这是怎么回事呢？

　　他又从头到尾仔细地审查了自己的方案，仍然没有发现其中的问题，于是他就觉得应该是执行力出了问题，便依旧坚持推行这套方案。

　　但是又过了几个月，方案仍然没有取得什么效果，这时候公司的领导，也对他产生了质疑。

　　经过一番思索之后，他认为眼下要做的是，好好地分析一下公司各部门员工的思想行为与思维习惯，以了解公司群体对自己的方案有没有认真地去执行。

如此又一番策划之后，他终于找到问题的症结，然后，就对症下药去切入。结果，几个月之后，不但扭转了亏损的局面，还为公司带来了新的盈利空间。

由此可见，方案虽然依旧，转变却是日新月异的。因此，成功的人生，最重要的不是一个或多个道理，而是你有没有健全而有效的决策体系，自己有没有足以面对一般情况和问题的能力。

对一件事情，有些人一看就认为自己懂了，那么你到底是深入内心的懂还是流于感觉的表面的懂？要知道，如果你没有从思维习惯、认知模式、适用情境等多方面进行深入透彻的考察了解，你就不可能真正弄懂一件事情。因为执行力不到位，你所了解的一切都等于零。比如：

你每天都有晚睡晚起的习惯，虽然你总是对自己说："明天开始我就早睡早起"，但是你没有付出行动，虽然你也知道这样很不好，内心很想去改变，但你没有认真地去执行，那么，你也就不会得到改变。

王阳明的"知行合一"就非常值得学习。因为现实中有很多人了解得虽然很多，但却行动得很少，关键在于他们都属于"知易而行难"的那类人。因此，只思考出方法而不采取行动，几乎是没有什么作用的。比如，我们的微信朋友圈里，时常会有人说自己要坚持每天跑步十公里，或是要坚持每周读完一本书，又或是每天凌晨五点半就起床等，这些信誓旦旦的朋友，往往一周都坚持不下来。那么，这样的立志又有什么用呢？

是的，道理懂得再多，理想再丰满，可你不去执行又有什么用！我们知道一个道理并不难，难的是一定要行动起来，否则，再好的思考与方法，也只能停留在思想的层面，而变不成价值。世界上最遥远的距离不是天涯海角，而是知道和做到之间的这段最真实的距离。

话说"天下之事，困于想，而破于行"，是的，凡事只有先做起来，才有希望成功。

生活中胸怀大志的人有很多，但如果只会用一味的幻想来编织成功的海市蜃楼，这不是痴人说梦吗？只有在行动的过程中，才能走出一条可行的路，才会有明确的方向，只有这样才能找到自己的最佳状态。

比起那些空想主义者，你先做起来，就会超越他们。你在岁月里辛苦地付出，切实地执行，叠加起来就会开出成功的花朵。

真的漂亮吗：他人眼里的自我

在人际交往中，不但增进别人对自己的了解，同时，我们也得到了别人关于我们的反馈信息，这样也就促进了我们对自身的了解。但是，很多时候我们又会发现，"我们眼中的自己"与"别人眼中的我"却总会出现或多或少的差异。比如，为了一个项目，自己明明挖空心思地研究，可是领导居然还说我对这个项目不上心？再如，在同学聚会上，自己明明对大家表现得友好又热情，可是同学们还是会说我对大家不够友好……

像这样的情况，可以说生活中时有发生，每当"外界反馈"与"自我认知"之间出现差异与裂痕的时候，我们的心里总会感到特别困惑，不知究竟是怎么回事：是别人错了，还是自己错了？还是自己不够好，不能让别人满意？

为什么"我眼中的自己"与"别人眼中的我"会有如此大的不同呢？这时我们往往会对自己产生一些莫名的怀疑，怀疑自己的能力、自己的形象等，从而让自己变得不自信起来。

一个二十六岁的女孩，总认为自己长得不漂亮，就不想出去逛街、不想与人交往，更不敢谈男朋友。因为从小爸爸妈妈都说她是个"丑丫头"，所以她对自己的形象一点儿自信也没有。怎么办呢？这时爸妈开始后悔起来，后悔小时候不该故意说她是"丑丫头"。

为了帮助女儿重新建立起自信心，爸妈只好偷偷地找了自己的亲戚、邻居及好友做"托儿"，让大家见到自己的女儿就夸奖她。于是，在接下来的一段时间里，女孩所碰到的人都会有意无意地多看她一眼，不但眼光里满是亲切与欣赏，而且，还夸她"长得有气质，看着很温柔、很清秀，越大越漂亮"等。

在得到了很多人的赞赏之后，她渐渐地变得自信了起来，精神状态与气质也改变了很多。后来，有越来越多的人开始真的欣赏她，她结交了好朋友，得到了好工作，也收获了美好的爱情。

上述女孩的自我转变的情况，就是心理上的"镜像效应"。她也借由"镜中我"效应，找回了那个散发着自信的"真我"。心理学家认为，"镜中我"效应说的虽然是一个人的自我观念，但很大程度上是由其他人对自己的态度和看法而建立起来的。

是的，我们自己在"他人眼中是一个什么样子"，可以说是很多人都想知道和了解的事情，也是大多数人的正常心理行为。

有一位心理学家曾选出二十名学生进行智力测评，并且故意挑选那些智商与学习成绩都相差不多的学生进行。测评之后，不向学生透露个人的真实情况，然后随意将二十名学生，分成 A、B 两个小组。这时候，他告诉两组的学生：A 组是智商高的学生，B 组是智商低的学生。然后，就让他们自行发展，不再做什么干涉或提示。半年之后，他们惊奇地发现，被称为高智商的 A 组学生的智力，成绩果然慢慢高了起来；而被指认为智商低的 B 组学生，他们的成绩却有所下降。

仔细分析一下我们就会发现，这个心理学家的实验正是对"镜像自我"的一种很好的验证。因为实验结果表明，如果老师和家长在对待学生与孩子的时候，总是将自己的主观期望带进去，长此以往，就会对学生的智力和心态产生重大的影响。

由此可见，"镜像自我"告诉我们，我们自己就是按照自己在别人眼睛里的形象来确定自己的——假如我们受到了外界良好的认可，我们的心中就会产生一种积极的心理；假如我们受到外界不良的刺激，我们的心中就会产生一些消极因素。

当我们收到他人的反馈之后，自己在与现实的碰撞和反思中进行自我评价的时候，一定要探索这些反馈和评价的来龙去脉是否真实可靠，然后再进行甄别与整合，这时候才会逐渐清晰：我是什么样子的。切记千万不要将别人的反馈和评价直接作为标签贴在自己身上，这样不但是对自己的误导，而且会影响自己的良好发展。

那么，我们为什么想知道别人是怎么看待我们的这个心理呢？其实，这并不是因为我们的信心或成就感的体验非得需要他人的意见才能完成，而是因为我们了解了别人眼中的自己是什么样子，可以帮助我们更好地与他人进行友好的相处，在交往的沟通与协作方面也会顺利很多。

看过电影《武侠》的朋友都知道，里面的角色唐龙本来是一个冷酷杀手。后来，他无意间在一个小村庄里生活了一段时间，这里的人都不知道他曾经是杀手，所以村民们对他都非常友好与和善，于是他也经常帮助村民们打理一些大大小小的事情。尤其让他感动的是，妻子对他不但体贴照顾还温柔如水，令他觉得这里的一切都是那么地幸福与美好。于是唐龙就觉得，自己就是这个小村庄里的一员，渐渐地，他成了一个正直而热情的人。后来，有劫匪想要抢劫这个村子的时候，他不顾一切、拼命地去保护村里的所有人。

唐龙的转变，其实就是"镜中我"的效应在起作用。当他看到别人友好地对自己，自己也表现出善良的一面来。当别人给出这就是"他的性格特征"后，他马上得出结论，"我就是这样的一个人"。然后，他就按照这种方式去做自己。由于他遇到的都是些善良的村民，他也有幸成了一个正直的人。

因此，好的镜像反映能给人带来积极的一面，可以让当事人变得更加努力、更有自信。因为别人看我们，常常和我们自己看自己情况是很不一样。透过别人的眼睛，我们就可以看到平时被我们忽略的那个自己，这时我们可以把自我概念加以调整或完善，从而让自己变得更优秀或更完美。

我们都有对自己的认知盲点，通过别人的评价，可以让我们时常提醒自己，可以帮助我们防范一些缺陷与误解，从而完善自己。不过，总是依靠他人眼里的自我来发展成长，也是不恰当的。因为在大多方面，我们比其他人更了解自己。我们的一些潜在优点，他人几乎不可能知道；而且，他们对我们的评价也未必就是正确的。

每个人的世界观都是不同的。如果遇到一个喜欢我们的人，可能会给我们一个良好的评价；但如果遇到了一个讨厌我们的人，那么对方给的评价肯定是负面的。因此，我们了解他人眼中的自我的同时，还要对自己有一个客观概括与评价才行。

因此，我们一定要明白一个道理：你就是你，不是别人说了什么，你才是什么；而是不管别人说什么，你都是你，你都要成为一个优秀而出色的你，这才是硬道理！

突然的领悟从何来：思维调整

一个人"恍然大悟""茅塞顿开"等情况发生，意味着他突然之间就明白了人生道理。是的，生活中一些人会有这样的经历，他们正在经历一件令人焦虑的事情，一时间无法解决，身心都处于焦虑的状态中。然而，在某个时刻，他们就突然领悟到了某些道理，从而使身心得到解脱。

法国数学家彭加勒有一段时间总是一个人专心致志地研究一个算术问题。可是，这个算术题好像故意刁难他，任他苦思冥想了好多天，什么方程式与算法都尝试了，都没有任何结果。而且，这个问题的形式看起来与以前的研究项目也没有什么关联，根本找不到突破口。这令彭加勒的大脑一片混乱，他不知道自己该如何解答，非常沮丧和恼火。

有什么办法呢？既然一筹莫展，就干脆置之不理吧。于是他索性一个人跑到海边去消遣，吹吹海风、看看沙滩。这些天，他就想些别的问题，驱散一下自己纷乱的心情，觉得也挺好的。

一天早晨，他早早起来之后一个人去爬山。谁知，正当他在悬崖绝壁上行攀爬时，脑海里突然生出了一个简明扼要且坚定不移的念头：不定三元二次方程式的算术转换式与非欧几何上的转换式，是相同的。

啊？这真是出乎意料！这么长时间一直困惑不解的问题，竟然在突然之间解决了。怎么可能？！真是神了，彭加勒激动得差点从悬崖上掉下来。

是啊，之前多么费力思考的问题，却在突然之间，就这样迎刃而解了。这种"突然明白"的现象，在心理学上被称为"顿悟"，也就是个体突然就意识到自己应该怎样去解决一个问题。

很明显，是暂时的搁置让彭加勒的思维在潜意识里自动活跃了起来，将困在心中的问题给解决了。

暂时搁置是一个很妙的办法。那些难以解决的问题，不要一直绞尽脑汁去想，把它暂时搁置一下，是克服思维定式、大脑不开窍最简单可行的办法。尤其是对一个百思不得其解的问题，搁置几天或几个星期，再回过头来思考，往往就能豁然开朗！

不过，我们还要知道，顿悟从来不是一瞬间的，它是由量变到质变的过程。因此，暂时搁置其实也是一个酝酿过程，正因为有了这样一个酝酿过程，好主意才能直接从我们的无意识中产生出来。所以，那种融会贯通的感觉，其实都是我们平时在一点一滴的经历中积累的感悟在无形中帮我们解决了问题。

也就是说，当需要我们完成一项任务时，这项任务在我们的脑海里接受得越早，大脑的神经元就越有充裕的时间在无意识中积累这方面的信息，就会在之后的某个时候发现完成这项任务更好的方法。因此，我们不要让自己沉浸在这种"开悟"的感觉之中，而要调动我们的思维能力，在反复的实践中提高这种突然领悟的能力。

多数情况下，思维定式容易使人的思维僵化，不利于问题的解决。因此，想要解决一个难题，不单要使我们的无意识有充裕的酝酿时间，还要调整大脑的思维能力，从而让自己的智力在充裕的时间里形成或酝酿问题的解决办法。具体可以尝试以下几个方法：

一、给大脑明确的指令。为什么不良的思维方式会给我们带来烦恼、紧张以及焦虑不安？这是因为就算大脑再聪明，如果所运用的思维方式不对，大脑也不能进行高效率的工作。就像我们操作电脑一样，电脑如果得到了明确的指令，它就会快速反应，很好地进行工作，否则，它就会出现一些故障。人脑的运作也是一样，我们也必须要给自己的大脑一个明确的指令，自己才能高效地工作，否则，我们将会出现无所适从或停滞不前的行为状态。

二、及时调整思维方式。不良的思维方式往往会给我们带来很多的情绪困扰，如降低学习、工作效率，甚至不能完成工作。如果我们想要出色地完成一件事情，就要避免出现不好的思维方式。我们要保持良好的精神状态，多让心情放松，凡事快乐一些，头脑中才更容易形成一些思想火花，才能使思维方式得以改善。

三、平时加强训练。生活的雾霾会把你之前的感悟经验遮盖，所以再度触发领悟，需要些巧妙的方法训练以及一些其他经历和事件。

比如，克服思维定式，可以设计一个简单的训练办法，把书打开，手随意地指向书页的一个字词，记住领悟的思维路径，然后把这个字词用在你正在进行的思维活动中，最好通过日记的形式记下来，并了解自己内心微小的感觉变化，留心出现在你周围的细微事情，其中可能正有你开悟所需要的契机。

学会建立新的认知模型

很多人都说，人与人之间的差别不在于起点高低，而在于"认知"。一个认知层级不够高的人，在人生的成长道路上，不可能胜过那些认知能力超越他的人。成长是什么？

成年人的成长，除了表现在升职加薪、业务能力范围等有结果的层面上，更重要的还是内心的那份成就感。要知道，我们今天的收益，代表的只是今天的市场价格；而认知能力和水平的提升，则决定了一个人的潜在价值。由此可见，高层面的认知决定着我们的成长与发展。而低层次的认知则会很大限度地限制一个人的发展。

一个公司新招了一个颇有才华的年轻人，由于是名牌学校毕业生，所以他的发展很被团队看好，而且，年轻人也非常上进，上司总是有意地多给他一些参加活动项目的机会。年轻人一开始表现得非常积极，大大小小的活动都会热情地参加。但是一段时间之后，他就只参加那些对晋升或加薪有帮助的活动，而对那些没有明显利益的项目，总是想办法推掉，就连一些关系团队效率的活动，他也会耍一些小聪明给推掉。

如此急功近利、只顾眼前利益的行为，上司怎么会看不出来？时间一长，大家对他的印象就是无利不起早。领导们也都知道了他是一个喜欢取巧耍滑的年轻人，便不再重用他，一些好的工作机会也都不再给他。如此一来，他便失去了很多向上发展的机会。

案例中的年轻人因小聪明影响了自己的发展。这种情况的发生，本质上就是认知出现了问题。一个人格局不升级，认知层次达不到，将是对自己成长发展最大的阻碍。聪明的年轻人可能没想到，单纯以个人的追求和判断来看待一件事情的价值，是狭隘而不可取的，他可能不知道一个人发展的速度快慢，取决于自己对团队和公司做出了多少贡献，而并非自己一个人的单独成长。

巴菲特的搭档查理·芒格说，思维的终点是开阔，一个人理解世界要用多元丰富的思维方式，因为世界本就不是单维的，只有多重的思维才会获得更正确的世界判断。而那些工作时间长的人都会发现，一些快速成长的员工，都拥有无比开阔的思维方式以及高层次的认知水平。那么，为什么有的人认知层次高，而有的人认知层次低呢？

心理学家卡罗琳认为，一个人的认知，与他从小受的教育培养有一定的关系，更与从小到大的所见、所闻与记忆有着密不可分的联系。

一个人从所知、所见、所思到所为，认知升级是一切提升的基础。当我们年纪尚小的时候，我们的大脑里面对很多东西都还未曾有过应对的方式，因此，这时候我们就很容易接受一些新鲜的事物。成年以后，当我们再遇到相似的事物时，我们的大脑就会根据我们所了解的过往的记忆，在潜意识中给出应对方式，从而使我们对一件事物的认知更深刻与准确。

避免那些影响格局或消耗精神的事情，才能使人们快速成长。

　　某家公司有个负责产品设计工作的员工，经常和自己的研发经理吵架。特别是当每一次项目排期的时候，也就是非常紧张的状况下，二人竟然会因为排期的事情出现分歧。这时候，他们不是你不理解我的目标与要点，就是我觉得你的安排不合理，这样一来不但影响了二人的关系，还影响了工作正常的进行。

　　公司领导得知后，将他们狠狠地批评了一顿，并告诉他们一定要友好合作，否则，将对他们进行严肃处理。这时候，二人终于不敢再争吵了。冷静下来之后，他们才发现，二人的目标是完全一致的。其实，双方都是最想把事情做好的、一个战壕里的战友。所以，他们实在没有必要浪费大量的时间与精力去制造对立情绪。

可见，我们唯有改变自己的思维方式，提升自己的格局，才会发现我们与他人不仅应该建立良好的信任关系，还应该花时间扩展更多资源来加大成功的概率，而不是相互内耗，弄得两败俱伤。因此，唯有不断的成长是自己的，而且会在未来变现到个人价值上。

话说"横看成岭侧成峰"，从不同的框架和角度来看同一个问题，就会有不同的发展与认知。因此，一件事物，我们如果从多角度去看，就会看到两种或多种发展方向，以至于得出的结论会大相径庭，甚至截然相反。这是因为一种框架思想，只能代表一种角度和认知，只有我们将一件事物看得更全面的时候，我们的认知才能更贴近真相。

因此，选择那些让自己不断抛弃旧我的工作吧，其他都不重要。因为思维模式的转变，能够使我们学习到新的事物，还能在了解事物发展规律的过程中，不断形成新的认识，从而使我们自己在实际工作中能够将这些想法不断地落实。

因此，我们要接受世界发生的变化，要不断丰富自己看待世界的视角和维度，要让自己学会建立新的认知模型，具体可以尝试以下方法：

一、形成分类思考的习惯。分类思考是一种非常重要的框架思维，因为我们对事物分类的角度越多，那以我们对事物的了解就越有可能去接近真相。因此，我们要刻意锻炼从多个角度进行分类，比如，图书馆里那么多的图书，是怎么分类的，图书分类方式有什么不一样，哪一类读物是馆里的重点等，从而刻意地锻炼分类思考的习惯。

二、从实例下手。如果你对金融感兴趣，可以学习一些金融学的入门基础，了解一下金融对世界经济的影响，问一下金融从业者是怎么看待投资的等，这就是一种思维方式，而这样的思维框架，就是一扇认知世界的窗口。

三、不断否定自己。要想形成新的认知模式，就是不断消化新观点，不断否定旧思维，不断假设，不断否定自己。凡事都追根究底，勇于克服惰性思维，逐渐构建新的认知能力。

四、不要认为自己的思维是完整的。可以说，每一种思维框架，都是所谓的理论体系。有人认为，我们有了完整的思维体系，就可以去改变世界了。但是你的思维框架是否足够完整？逻辑推理方面是否严密？如果有限定条件，就会有很大的局限性，就会出现解决不了的问题。

五、知行合一。人与人之间真正的差别，往往源于认知能力上的差距。然而，我们的认知能力与实践行为，二者之间却又是相互矛盾、相互反馈、相互促进、共同成长的。因此，每当我们在现实中遇到难题的时候，往往就会通过认知上的理论进行升级，从而回归到实践中，才能真正把问题解决。那么，这种多次验证了的理论，才叫"真知"，也叫"知行合一"。

别再用智商衡量自己的认知

近年来科学家们对新的"认知心理学"的研究越来越深入。那为什么心理学家们对认知能力越来越重视呢？智商的差异就是认知能力的差异吗？

对此，一些心理学家研究并测试之后认为，就智商来说，一个小学生的智商测试完全有可能超过一个大学生。但是，一个小学生的认知能力几乎不可能超过大学生，因为认知能力，除了包括智商的一大部分能力，它还会包括文化知识的深度和广度。因此，智商与认知的能力在范围层面是不一样的。

心理学家认为，认知能力代表着我们大脑在不同层次的思维能力，它比智商包含的内容要多很多，它不但包含智商里的逻辑思维能力、推理能力等，还包括知识层面的内容，如文学方面、科学方面、社会方面等。因此，认知能力不但是我们接受信息、处理信息、整合信息的指挥官，它还是我们的一切行动与行为包括智力活动在内的所有思想行为的总指挥。

很多时候，一个人能取得什么样的成就与他的认知、潜能及意志力等有很大的关系。

有一群乌龟，破天荒地举行了一项爬山比赛，规定谁先爬到顶峰，谁就是冠军。很多乌龟都踊跃参加了，在比赛中奋力地爬行着。可是，旁边的一群围观者却纷纷大声地议论，"没见过乌龟举行爬山比赛的，真是好笑！" "这么高的山，凭一群乌龟慢悠悠的样子，怎么能达到目的地？"

几只乌龟听到这些话之后，一下子就泄气了，它们马上就退出了比赛。

但是，还有几只乌龟，在慢吞吞地坚持往上爬。这时，围观者又继续说个不停，甚至还有人讥笑它们："爬山是你们能干的事情吗？真是不知道天高地厚呀！"有几只乌龟听到这些话，虽然心中不悦，却觉得别人说的是有道理的，于是它们也停了下来。

到了最后，只剩下一只乌龟默默地往山上爬。

这时旁观者的议论声更大了："你逞什么能啊？不知道自己是一只乌龟吗？"

"别白费力气了，你注定会以失败告终的。" "想不到天底下还有如此自不量力的傻瓜！" ……

可是，任凭围观者们如何议论、如何嘲讽，这只乌龟依旧独自不紧不慢地继续向前行动。最终，爬山比赛结束了。

不用说，只有这只乌龟自己爬到了山的顶峰，戴上了这次比赛冠军的桂冠。

那么，问题来了。这只爬到了山顶的乌龟，为什么能不受他人言论的左右，独自坚持到底呢？

后来，经过调查，大家才知道，原来这只乌龟是一个聋子，它只在开始的时候知道：爬到山顶的人就是这次比赛的冠军。其他的事情它一概不知道——围观者的种种言论，它根本没有听到，所以外界那些指手画脚的劝说与嘲笑，对它来说，一点也不管用，它的认知就是爬到山顶，于是它才走向了成功。

在人生旅途上，我们会经常听到一些左右我们的思想与行为的话。这个时候，关键就在于我们是人云亦云，还是坚持到底。如果我们对外面的言论没有抵抗力，没有客观的分辨能力，没有全面的分析能力，没有坚定的认知能力，我们往往就很难做出正确的决定，难免陷入半途而废的旋涡之中。

如果我们想把一件事情做成功，光靠智商是远远不够的。要知道，智商只是一种对人类大脑复杂能力的局部测量，它所能够代表的仅仅是大脑的一部分能力，无法反映全部的能力，更难以跟踪反映大脑的变化与成长。

因此，智商虽然经常被称为通向成功的关键因素，在科学研究和技术创新这两个领域尤为明显。但是，在现实生活中，人类所取得的一些伟大的成就并不是只凭智商而来，而是依赖于科学家所说的"认知灵活性"，这个概念特征中包含着想象力、创造力、好奇心和同理心等因素与品质。对此，早就有心理学家做过研究：

　　据悉，心理学家特曼和他的助手曾经进行过一项追踪天才儿童成长发展的研究。他们追踪了一千多名智商一百四十以上的天才儿童，并且从上小学的时候开始，一直跟踪研究了五十多年，直到他们过六十岁的时候，研究才终止。

　　特曼所选择的这批天才儿童，各方面的成长能力都是优秀的，都具备身体、智力和社会性三方面的优越性，并且，他们会说话和会走路的时间，都比普通的孩子早。上学之后，有85%的学习成绩都处于同年龄儿童的前列，并且，他们的领导能力和社会适应能力也都明显高于普通的孩子。

　　多年之后，特曼对他们生活当中的各种成绩进行了一次评估，并根据评估的结果把他们分成ABC三组：A组是最成功的；B组是中等成功的；C组是最小成功的。

　　衡量成功的尺度是根据他们应用自己智能的程度来规定的。成功范围包括：在管理方面，处于负责人的位置；在文学和学术出版物中，被称赞描述过，列入《美国名人录》等。

　　然后，特曼又用成人智力测验方法，分别测定了他们的智商分数。结果却出乎意料，因为最大成功A组人员的智商与最小成功C组人员的智商分数，平均只差了五分。

　　由此可见，成就大小的差距是智力强弱的差异造成的，这个说法是不成立的。

心理学研究者认为，即使是天才儿童，长大之后，他们的所取得的成就也并不取决于他们的智力，而是更多地取决于一些非智力的因素，如创造性思维、意志力等，而这些品质则被心理学认定为"认知灵活性"。

因此，心理学家认为，学习和创造的能力都取决于"认知灵活性"，这是无法用智商测试来衡量的。认知灵活性，这种潜能可以使我们在不同的概念之间转换不同的思维，使我们能够在一个不断变化的环境中去实现自己的目标。这种认知能力，可以帮助我们迅速地调整做事的策略与进取的目标，从而使让我们做出最佳的决策。

那么，认知灵活性是否会以一种智商的方式，使人们变得更加聪明呢？对此，一些科学家研究之后了解到，在人的整个生命周期中，认知灵活性会形成"冷认知"的概念，这是一种很好的能力，就像我们说的"非情绪化的"或"理性的"思维能力等。对一个学生来说，认知灵活性不但可以使他拥有良好的学习状态，还可以使他拥有更好的学习成绩。

大发明家爱迪生说过"天才，就是百分之一的灵感加百分之九十九的汗水"。数学家华罗庚也说过"根据我自己的体会，所谓天才就是坚持不懈的努力"。因此，高智商与高成就，二者之间不存在必然的关系。一个人能否取得成就、成就的大小如何，主要取决于他的认知能力的强弱。

因此，做事不要总是依赖于智商，这个世界上最不缺的就是聪明人。对智力正常的人来讲，想在事业上有所创造，除了具备正常值以上的智商之外，高水平的认知能力与灵活的思维能力，才是你走向人生辉煌的关键！

用思考进化原始大脑功能

我们每个人都希望自己有灵活的头脑、敏捷的思维，做起事来得心应手，可现实却是我们经常反应迟钝，思维不清。并且，还有很多人做事的时候看着聪明，也很勤奋，但却很难把事情做到位，很难出成绩，这是为什么呢？

其实，这一切都与我们的大脑功能、思维能力有关，而思维能力又与我们大脑里所储存的知识多少有关，更与我们大脑的记忆仓库是否经常更新息息相关。

我们在刚学习开车的时候总是手忙脚乱。怎么打方向盘，打到什么程度？怎么踩离合，离合器要踩多深？怎么转速换挡位？踩刹车要多重？转弯的时候总是非常担心，不知道方向盘要打多少度才行等，这一系列的技能都需要我们认真地去学，需要全神贯注地去思考，才能掌握。

不过，经过一段时间的努力练习之后，我们往往就可以轻松自如地驾驶车辆了，再也不用那么费劲地去思考下一步该如何操作了。

不管多么复杂的过程，只要我们能照样重复一段时间之后，就会不知不觉地使习惯成自然，我们的行为与动作就会熟练地连贯起来，就像进入"自动驾驶"一样，形成了一个系列程序流水线，自动保存在大脑里了，形成了一个"存储的记忆"。

在遇到同类问题的时候，我们的大脑就会先调用"长期记忆区"来做决策，因为这样的效率最高，又不用费脑筋。由此可见，我们的大脑是有一定惰性的。为了避免思考耗费精力，大脑总是会让"记忆"来完成对一件事情的处理。

我们每天上班或接送孩子上下学的时候，几点开始出发，该走哪条路，到哪里该拐弯，在哪里换乘公交或地铁，走多远到达目的地等，走过多次之后，自然而然地，我们就熟知了。于是，这时候指挥我们去做这些事情的只是我们大脑里储存的记忆，而不是我们的思考能力。

这也就是说，每当遇到问题的时候，我们的大脑首先启动的不是思考能力，而是我们的记忆能力。这时因为大多数问题，我们以前已经解决过了，大脑就懒得再去思考了，它只需调用一下记忆库里的经验就可以解决，这样高效率的事情，完全没有必要再去费心思。

不过，一旦我们遇到的事情范围超出了大脑记忆库存里的经验储备，就没法再进行"自动驾驶"了，这时候我们的行为与动作就会一下子慢下来。当大脑里的"存储的记忆"不够用的时候，就需要启动思考能力了。比如：

> 刚去了一个陌生的城市，由于对这里的一切都不熟悉，所以无论做什么事情，我们的大脑都无法像之前的习惯那样，直接从记忆中调取信息，用记忆经验来处理这些问题。

也就是说，我们在这个陌生的地方需要吃饭、需要出行、需要语言交流等的时候，由于不熟悉，做这些事情的时候都会遇到一些障碍。

这时，我们必须时刻保持思考，才能将这些事情一一处理好。这样一来，就会耗费大量的精力与脑活动量。面对这么多需要解决的事情，我们必然会感到很累，身累，心也累，情绪也容易受到影响。这也是很多恋人一起旅行的时候会忍不住吵架的原因。

"存储的记忆"对大脑的作用很重要。只有丰富大脑的记忆库，我们才能更好地处理问题。但是，想要丰富大脑，就要多学习、多思考。所以，虽然大脑不喜欢思考，但我们还是不能让我们的大脑太偷懒，否则，我们就会什么问题都解决不了。

专家认为，记忆就是思考的残留物，因为那些经过我们深度思考的东西，通常都记在脑海里，大脑会把它放到长期记忆区，需要的时候就会调用。很多人觉得自己不会思考或者是自己的思考能力很差，其实，让你觉得不会思考与思考能力差的原因只是你没有足够的背景知识，导致了你的思维速度与认知能力跟不上。因此，我们要想更好地思考，就要掌握更多的背景知识。

查理·芒格说："我这辈子遇到过的聪明人，没有一个不是每天都读书的，一个也没有。"

因此，你不用怀疑自己学那么多知识，了解那么多信息有没有用。要知道，当你吸收了各种知识，并把它们存在长期记忆库里之后，当遇到问题时，你就可以直接调用它们，这样就会显得你更聪明，处事能力也更加高效。

那么，为了使我们的大脑更加灵活，让自己拥有更多的思维方式，我们要让大脑的灰质离开舒适、安逸的状态，可以用以下方式来进化我们的大脑功能：

一、多与他人进行交谈。平时与他人聊聊大家所知道的一些事情，尤其是一些新鲜、有挑战性的事情，如时政方面的、世界经济方面的等，双方进行真正深入的讨论，就可以使大脑运动起来。

二、玩智力游戏。游戏可以轻易地带动大脑思维，如填字游戏、拼图游戏、猜谜游戏、竞争游戏、数独游戏等，这些看似简单的智力游戏都可帮助我们的大脑进行一定的思维锻炼。

三、刻意思考转化练习。对掌握的知识进行一定的归纳、演绎，做到学以致用、触类旁通。这样的刻意练习可以加深我们的思考，对知识进行正迁移，把知识转化为"存储的记忆"。

四、学习新语言。新语言也能刺激到大脑中枢，双语翻译能提高大脑的认知能力。研究者认为，语言转换过程中，不断地接收另一种语言后，就会让脑灰质增加，这时大脑中枢神经中神经元聚集，同时会大量活动。如此，会让我们思考得更快，对外来的刺激做出更好的反应。此外，学习一种新语言也是帮助大脑形成新路径的智力活动。

五、做有氧运动。运动的好处不止于身体，经常进行有氧运动，可以强化大脑的重塑能力，提高大脑的活跃度，减少焦虑，改善情绪，保护神经免受压力的伤害等。有氧运动的特点是强度低、有节奏、不中断和持续时间长，如游泳、慢跑、骑自行车等。

六、关掉电视或视频。相关专家认为，如果不想让大脑停滞不前，第一件事就是关掉电视或视频。因为经常看电视，会使大脑形成"惯性"，从而懒于思考。

七、练习写作。写东西的时候，大脑会不由得去牵动思考。因此，平时可以多写写文章，如写一下自己周围发生的事情，会创作一些虚构的故事等，只要写作就需要大量的思考能力。

八、冥想放松。冥想一个神奇的事情，它被科学界证实，在冥想的过程中，不但可以增加流向大脑的血液量，还可以改善我们的专注力和记忆能力。这是因为冥想不但可以缓解压力，还可以改善并提升大脑功能。如果我们能经常在起床后、午休以及晚上临睡前的三个时间段，进行五至三十分钟的冥想，就可能不断地增强大脑功能。

九、学习新技能。学习和练习一些你从未做过的事情，可以促进大脑功能的活动量，如让自己去学编程、魔术、下棋、滑板等，一些之前没有接触的新事物，都可能以意想不到的方式促进思维发展。

十、多进行阅读。不管什么时候阅读都是一种良好的行为。在阅读的时候，大脑思维会不断地运动，尤其是那些内容复杂、知识丰富的内容，就会使大脑得到更多的锻炼。

掌握认知实现的三项能力

　　一个人永远都无法赚到认知以外的钱，更无法拥有自己认知不到的东西。如果我们想要拥有一些高质量的事物，一定要先提升自己的认知，但想要提升认知，首先要掌握一些有价值的内容，一些对自己来说有用的东西，从而要学习和掌握一些认知实现的能力。

　　这里的"学习"，是把原本不相关的东西联系在一起的过程。比如，我们到了游泳馆，穿上游泳衣，通过练习，学会了游泳，这似乎就是学习的本质。那么，这份感受与收获，以及我们学会的游泳姿势，这些类似的知识和技能，往往就会储存在我们的大脑中，也就是所谓的"学会了"。

　　因此，不管做什么事，我们都尽可能地让自己掌握"学会了"这种技能。比如，我们读一本书、学一门手艺、听一场讲座等，如果这些我们都尽可能地"学会了"，那么我们的收获就会很大。那些有用的东西就会影响我们的认知，如此，我们的认知水准就能快速提升。

　　专家认为，一定的知识储备，对于提升我们的认知能力有很大的促进作用。并且，如果我们能从了解知识分类开始，不断地进行知识储备，直到掌握了一些行之有效的学习方法之后，再不断地运用写作的方式来整理大脑思维，也就会逐步形成一套属于自己的并且行之有效的认知模型了。

心理学家赫布说，如果大脑里的两个神经细胞总是被同时激发，那么它们之间的连接就会变得越来越强。过后，如果我们再激发其中一个细胞，那么另外一个细胞也会被同时激发。这个就是心理学上的"赫布定律"。

这种情况，就如两个素不相识的异性青年。在公司活动中，他们二人经常被安排在一起。于是，他们两人之间的连接，就会不断地被加强。之后，他们二人就极有可能成为朋友，甚至还会相互产生爱慕之情，最后，两人就走到了一起。

那么，他们这种从不识到相识，再到成为朋友、成为恋人以及走到一起的过程，也就好比我们学习某一个技能的过程，一步一步地水到渠成。所以，专家认为，认知实现能力等于一开始的见微知著，加上学习的抽象思维，再加上大脑的逻辑演绎，也就完成了有效的知识储备量。

那么，我们再通过这种方式，去建立我们大脑里的认知思维模型，这样提高认知的效果就会非常明显。通俗地讲，这个过程模式就是：先找到有效的学习方法，再去积累不同的知识，在大脑里把这些知识深化，之后再整合我们的思维，使认知能力得以提升。

此外，认知心理学家还认为，提升自我思想，还要先去除自我意识障碍。因为影响我们能力发展的是我们最难克服的"自我意识障碍"，如果我们能打破意识障碍就能持续成长。

一个学生，在一次考试中没有考出好成绩，如果他是一个认知或思想匮乏的人，那他往往就会认为没考好的原因是自己不够聪明。之后，也就越发地放弃自己，不想再去努力，从而将自己给否定了。

没考好的学生如果是一个拥有高级认知能力的人，那么，他就不会轻易否定自己，而是分析没考好的原因，如自己没有认真复习，或是有别事情耽误了学习等，这时他就会洞察到自我的问题所在，学习的难点与原因在哪里等一些客观的情况……不但不会一直用这件事情来否定自己，而且会借助这种事情来形成自我成长的阶梯，使自己变得更智慧。

提升自我认知，首先应从事情的本质入手，让自己从不良的情绪中走出来，聪明的人能看到自我成长和进步的空间，从而通过事情来提升自我的能力和技能。因此，看到趋势、理解规律、自我跃迁等的进步，不仅要有高手的认知，还要有成为高手的技术。对此，认知心理学家认为，下列四类知识点，我们有必要多学习、多储备：

一、原理性知识。所谓原理知识，就如爱因斯坦的相对论、牛顿的万有引力定律以及心理学上的罗森塔尔效应等。这种知识主要表明了自然原理和法则方面的科学知识，所以颇有学习的价值。

二、事实类知识。这种知识点，就像实事求是一样，都是一些准确无误的事情或事件，如北斗导航定位系统是中国发明的；再如，电脑是由 CPU、内存、硬盘等组成的；又如，全球有七十多亿人口等，诸多此类知识，我们可以通过观察、感知或数据来获得，从而熟记下来。

三、人际关系知识。人际关系是个学问，它看似简单，其实复杂得让你琢磨不透。比如，你自己不会做饭，那么你要吃饭的时候，就要懂得如何求助于别人给自己做饭吃；再如，你想卖东西，却不会做销售，你就要懂得找到一些销售的技巧，或求助于他人，或培训学习等，以让自己拥有销售的能力。

四、技能类知识。想获得技能类的知识，就要去学习有关技术的知识，如编程、美术设计、操作人工智能，再如演艺能力、口才表达能力等，这种知识都要我们通过不断锻炼或者做事的诀窍来掌握。

我们可以根据自己的目的与需要，有针对性地储备某些知识。获得某种帮助知识获取的能力，就能够帮助我们建立高质量的思维模型，对我们的认知提升起到有效作用。

第五章

提升硬件系统：升级有深度的认知能力

"物竞天择，适者生存"，在如今这个发展迅速如白驹过隙的时代，没有点儿能力，还真是不好生活。因此，我们需要定期给自己来一次能量的"升级"，去突破当前能力的天花板，只有这样才能让自己变得越来越有能力适应当前的时代。

把篮筐的底去掉——开发创意思维

"创意是历史进化中永远有效的契机。"很多时候，一条创意就可以创造一个奇迹，一条创意就有机会改变一个人的人生，一条创意可能救活一个企业……因此，创意可谓为人类带来惊喜的至尊法宝。特别是那些具有魔力的创新思维，简直具有点石成金的功能，它不但可以为世界带来财富，还是新世纪发展的主宰。

篮球是奥运会上核心比赛项目，篮球运动的诞生已经百年之余。据悉，在篮球刚诞生的时候，人们举行篮球活动时，篮板上钉的是真正的"篮子"。这样一来，就给活动比赛带来了很多不便，每当球投进篮子里的时候，就需要一个专门的人员踩着梯子上去把球给拿出来，比赛才可以继续进行。

这样一来，比赛活动就不得不断断续续地进行，这样就必定缺少了比赛里应该有的那种激烈紧张的活动氛围。于是，为了让比赛可以顺畅地进行，人们想了很多方法来取球，但是每个办法都不太理想。比如，曾有人专门制造了一种机器，当球被投到篮子里时，在下面一拉相关的绳子，就能把篮球给弹出来，这样自然比踩梯子取球方便了很多。但是，这种方法却仍然没能让篮球比赛达到那种激烈紧张的理想程度。

一位父亲带着他八岁大的儿子，来看篮球比赛。当男孩子看到运动员们，一次次辛苦取球的样子时，心里便大惑不解，他说："你们为什么不把篮筐的底给去掉呢？"

一语惊醒梦中人！是啊，去掉了篮筐的底，就可以不用那么辛苦地去取球了，于是才有了今天我们看到的篮网样式。

这么简单的事情却困扰了人们好多年这是为什么呢？

毋庸置疑！是思维。思维定式把我们的思想像篮球一样"囚禁"在了篮筐里。由此可见，创新思维是一件多么重要而有意义的事情。创意思维，是智慧的升华，更是我们打造辉煌、创造财富的资本和源泉。创新思维，是开拓认识新领域的思维活动，它的形成离不开顿悟、直觉、灵感的影响，使它在已有经验的基础上，再有创见性地提出一些新的点子、新的招数，以及新的答案与出路。那么，创意思维在我们的大脑中是如何运作的呢？

心理学家认为，我们的左脑与右脑是不同的，右脑是反应迅速、充满艺术气息的，如果我们想开发自己的新思维，只有先让我们的心智从逻辑思考的压力中解放出来，我们才能接收到右脑的信息，从而找到最佳的状态与方案。

　　由于发现了人的大脑分为左右两半脑，且各有不同功能而获得诺贝尔奖的心理学家罗杰·史派瑞认为，我们的左右两半脑各司其职，右脑控制着我们的想象力、创造力，以及冲动性的思考等功能；我们的左脑则司职着逻辑思维、线性分析等思考能力，左右半脑的运作是相辅相成的。他还发现，当我们想到某个人的时候，我们左脑的运作会使我们想到这人的名字，而右脑的运作则会使我们想到这人的脸长什么样子。

　　创造性思维，我知道它是在已有的知识、认识等基础上，又从中发现了新联系、新事物、新答案等的思维活动，也是一种创新的、破旧的思维活动。那么，要想建立起创意思考，首先我们要做的就是彻底抛弃旧习。不良的习惯一定得丢掉，并且还要拒绝维持现状。

　　在生活和工作中，我们一定要摒除那些阻碍创新的思维旧式，让自己重新认识身边的事物。换句话说，就是想要建立创意思维的人，首先要接受一定的风险考验。大到全球战略，小到产品开发，都要破旧才能迎新。比如，将公司由来已久的问题解决掉，给自己做一个新发型等，无一不营造新的构思与新的创造契机。

　　人类失去创意，世界将会无法向前推进。谋财缺乏创意，致富就是个幻想。因此，创意可以生财，创意可以致富，创意可以创造一切奇迹。只要我们敢于创新，我们身边的一切都会是新的，如新世纪是创意的宠儿，新经济是创意的杰作，新世界是创意的舞台，新财富是创意的奉献。关于创意的开发，我们可以从下面几点尝试：

一、跳跃性思维。做一件事情的时候，缩减并略去了常规思维中的一些步骤，给人一种跳跃感，就是创意思维之跳跃性的特征。跳跃的程度，是依据常规思维进程来衡量的。它不仅是一种显意识反应，也是一种潜意识反应。确切地说，跳跃性思维是潜意识长期积累后处于饱和状态之下的一种迸发的结果，往往能创造出奇迹。

二、独创性思维。这种思维天生就与众不同，它具有一种个性色彩，不但具有明显的创造性，还有独创性特点，因此这种思维的产物往往呈现出独特的魅力。

三、偶发性思维。这种创意思维很奇特，它可能会突然地出现，也可能会一瞬间就消失不见了，因为这是一种在毫无戒备状态下突然显现的火花，总是给人一种不可预期而又难以捉摸的情景，所以一定要及时地抓住。

四、纵向性思维。这种思维是在确定了创意点之后，按照一定的方向、路线以及规律尝试采取纵向思考、纵向推理的方式，进行深层次的探讨。在发现某一个现象后，马上进行捕捉并予以锁定，从而进行深入的钻研，直到满意为止。

五、横向思维。这种思维是在发现一个特定现象或形象后，马上联想与之相似的情景，并且尝试从更多的角度寻找创意，避免陷入一个圈子出不来，从而在不断地转变中发现满意的创意。

六、陌生化思维。这种思维，是创意思维的一个典型特征，它总能给人一种陌生的新颖感，因为陌生，才能给人带来一种全新的感知或者感受。因此，我们要想方设法找一些陌生的事物去研究。

七、逆向性思维。这种思维，是用一种完全相反的方式思考。通过彻底改变某一思路来获得意外收获的目的，就是采用与之前想法相反的方式去解决问题。

八、综合性思维。这种思维是在某一思路受阻后，马上进行调整，换另一条思路，从而取得预期的结果。这是一个不断调整与改进的过程，一个多种思维方式综合运用的过程。平时可以从多方面来练习。

明白知识付费不是智商税

现在是"互联网＋"的时代，很多人做起了知识付费平台，于是就有很多人购买了一些知识付费栏目。一方收费传播知识，一方付钱购买自己所需的知识，双方受益，如此模式可以说也符合市场的发展规律。

随着知识付费市场越来越火，也有一些人提出了异议，认为"知识付费就是一场智商税"，认为这个行为是在"割韭菜"。于是常有人在网上评论，说自己的支出一年多了大几千元，购买了一些知识付费项目，从中听过许多道理，学了几种能力，却依然过不好这一生等。

如此评论，引发了很多同类网友的共鸣，于是大家纷纷认为"知识付费就是智商税"。知识付费到底是不是被"割韭菜"？要看你个人的分辨能力和你的诉求，不要一味地对知识付费设定不合理的预期。

一个粉丝千万的抖音祈福类大号，他们第一套的盈利模式以宣传祈福为主，就是卖各种开运手串，比如说"考试必过""财源滚滚""旺桃花运"之类刻有一些吉祥寓意的物品，每天生意火爆，为他们带来了丰厚的利润。于是就有人问他们，像"财源滚滚"这样的手串，不是很快就能证实是虚假的吗？为什么会有这么多的人争相购买呢？

如果用户买了你们的手串佩戴一段时间后，还是没有挣到钱怎么办？他们会不会投诉你们或找你们退款？

"不会的！用户买了我们的手串之后，如果确切遇上了好运气，赚到了钱，他就会觉得就是手串给他们带来了好运；用户如果买了我们的手串，仍然没有挣到什么钱，他往往会觉得还没到挣大钱的时候或是自己还不够努力争取……"

对于那些想一夜暴富的人来说，他们就想着不干活躺着就能赚钱，那么他们报任何的课程，都是会被"割韭菜"的。因为有这样的思路的人，最容易被一些别有用心、妄想躺着赚钱的人吸引，于是卖手串这类的"课程"骗就是他们的钱。

近几年"知识付费"的新经济模式，无疑表明了对知识付费的接受人群越来越多，我们的眼界和认知都打开了新的角度，使我们从中看到了不一样的人和世界，这或许就是知识付费的价值所在吧。

有人说，自己付费买了很多课程，有些知识付费物超所值，有的付费感觉不值！是的，任何行业都不可能一把手伸齐，任何商品都会有质量参差不齐的情况出现，所以一个聪明的人要学会看人，学会去分辨是真还是假。

要知道，那些所谓的上一天的课程就能教会你月入几万元的人，几乎都是骗子，你要先学会分辨真伪。一般来说，如果你自己是一个踏实而勤劳的人，愿意付出自己的努力，也就不容易上当。

> 每次演讲的时候，张松都觉得自己的能力有所欠缺。他想：如果自己能像马云那样，一上场就妙语连珠、引人入胜，从而吸引住全场就好啦。于是，他就想学习一些精彩的演讲课程。他得知常先生是专业售卖演讲知识产品的，于是他就经常请常先生吃饭，并请教相关的演讲技能，常先生吃得高兴，就与张松聊了很多相关知识，张松就觉得常先生不但知识渊博、独具眼光，还有深刻的洞察力，自己一定得多向他学习，于是他就不断买他的课程，不断地学习，以提升自己的认知能力与实际演讲水平，梦想有一天自己也能拥有像马云那样的口才。

这就是知识付费的现实情景。如果你想提升自己，最好的方法应该是找专家带你，因为人家的经验与知识可以让你少走很多弯路。

知识付费，作为传播知识、实现创收的渠道，使越来越多的普通人也参与其中。如此，一方付钱购买自己所需的知识，一方收费传播知识，双方受益，也符合市场的发展规律。但是，任何技能的获得，一定是采用正确的方法，才能完全掌握它，所以购买课程之后，需经过大量的刻意练习，才可以轻松拥有它：

> 上面案例中所讲的张松，他想提高自己的演讲能力，不

但经常请常先生吃饭，还买了常先生的演讲课。然而，这只是提升自己的第一步，后面投入的大量的精力与时间进行的刻意练习，刻刻苦苦的努力，才是张松真正提升自己的演讲能力的基础。由于拥有了出色的演讲能力，后来张松碰到了一个好机会，被一家知名媒体选中，聘请他做讲师，于是张松便因此改变了命运。

"知识付费"的出现，可是说是一场解决人们知识焦虑的"及时雨"，它使很多人以最便捷的方式拥有了自己眼下正需要的知识。于是，知识付费平台，便越来越火爆了。虽然它不能直接让你走上人生巅峰，或是一下子让你年薪百万元，但是它所提供的知识，无疑是你通往理想生活的一种可能路径。

我们还要清楚地知道，知识付费不是智商税，我们一定要理性看待，知识有它的价值，但也有其局限性。因此，我们需要设定合理的预期，学习起来才不会盲目。我们只需把它看作一个技能，一种提升认知的工具，用它或许能帮助我们追求更好的自己、更理想的生活就可以了。

找到助你实现认知迭代的要点

"物竞天择，适者生存"，在如今这个发展迅速如白驹过隙的时代，没有点儿能力，还真是不好生活。能力需要学习得来，需要思维与认知来加持。苏格拉底说："我唯一知道的就是自己的无知。"因此，认知迭代的前提，就是承认自己的无知，才能去求知，才能提高自己的能力。

人不可能能不下水就学会游泳；那么，要提升思维，就要收集与反馈，这就要求我们深入地参与到某个行动中去。因此，行动是收集反馈的核心，为了试错去行动，没有行动最后收集的只是想象。没有实打实的行动，就不会有实打实的反馈。因此，行动是突破自我的第一因素。

有一个非常虔诚的教徒，天天都祈求上帝让他中一笔彩票——获得巨奖。但是这个愿望，直到他死也没有实现。于是他非常生气，就跑去问上帝，你这上帝怎么当的？都说你有求必应，而我又是那么虔诚地信了你一辈子，你怎么言而无信，一次中彩票的机会都不给我呢？上帝听后，十分惊诧又无奈地回答：我也想帮你啊，可你一次彩票都不买，我怎么让你中奖啊？

这虽然不是现实中的案例，但我们能从中悟出一些道理。上帝可以帮你，但是你得先把让上帝帮你的机缘给搭建起来啊！你连给别人帮你的机会都不给，没有任何行动，怎么会有思想行为呢？因此，从今天开始，用一点力气，从自己脑袋里检索出一个最小化的行动方案，并进行实施，才能行之有效。

有人说世界上最远的距离，是从思想到行动的距离。思想中的那些碎片，如果不整理、不加工就没什么价值，事实上我们的不成功都是犯了这些错误，思考得越多，反而产生更多的焦虑，原因就是脑子里的杂念太多。

因此，如果想要减少杂念，我们就要静下心来，认真地构思这些碎片，将它们穿成串儿，理清头绪，才能开始解决问题，这时，我们所焦虑的也就会随着问题的解决而减少了。

当我们想清楚这个问题以后，就不用纠结自己哪里错了或哪里对了，也不要再在他人身上找理由了，因为正确的思路只有一个——就是尊重我们自己的内心。当我们听从自己内心时，一切都会顺心顺意，如此也就能产生积极的心态。而这个心态，就是一个积极向上的思维，它可以决定一切的成与败。

小张是个非常内向的年轻人，与人交往的时候，他经常面临沟通上难以突破的窘境。长期以来，面对这种情况，就使他产生了一种深深的自卑感。小张也知道自己这样下去不好，难以拓展人生。在经过了一番思想斗争之后，小张给自己设定一个目标——逼自己做一些之前没有做过的事情，先让自己每天都去附近的菜市场买一趟菜；并且，购买的时候要跟摊档的老板聊上几句话，如聊一下猪肉的价格等。如此，尝试了几次之后，他感觉这个目标还是容易完成的，于是他就打开了第一个突破口。

之后，小张就计划进行下一个阶段的突破他要求自己去了解菜市场的行情，于是每次买菜的时候，他总跟摊档的老板聊一下生意的近况，每个月的收入，一个月的盈利，一年下来能赚多少钱，是不是比到工厂上班要强等。这一次，他又成功了，无疑这使他交往的自信增加了不少。之后，他的交往能力越来越强，不但成了一个社交高手，还成了一个性格开朗的人。

有人说"不要做思想的巨人，行动的矮子，不要眼高手低"。是的，有行动，往往就有成功。小张的情况，让我们了解到去做一些此前没有做过、难度又不高的事情，可以考验你的勇气。当你实现它之后，你可以用这种方式去挑战自己，让自己去迭代一些难度大的挑战，如此一段时间之后，就容易积累成就感。当你能够做到这一点之后，再沿着这个突破口一直深挖下去，你就很容易让自己走出之前禁锢自己的循环圈了。

想要真正实现认知迭代，我们还要找到要点，找到最合适自己的成长方式。让学习与进步就像王阳明先生的知行合一那样，融合在一起，才能真正学以致用。认知心理学家认为，人的行动不会超出认知，所以成长的快慢与我们的认知能力呈正相关。

由于学习成长与认知本身就是一个知行结合的正循环，它可以无限迭代，可以不断进步，所以这种成长没有上限，只有更上一层楼。真正让认知能力迭代还需要一些要点与辅助：

一、打造突破口。当我们在现状的循环圈里出不来的时候，往往很难破局。这时候就需要我们自己去凿开一个"突破口"，想要改变自己，就要把没有排水口的"储水池"凿一个排水口出来。这个"凿"的方式，就是自己给自己"施工"，找一样自己之前从未做过的事情，勇敢地去做就可以了。

二、不确定才能迭代。如果一味地重复不变的环境，很轻松就可以总结出规律，就不需要再进行迭代了。比如，想去旅游的时候，先看看旅游攻略基本就可以了，因为出行的路线、游玩景点等，已经有人总结好了，我们参考即可。但是，要想迭代思维，认知破局，就要选一些充满不确定性的情况，如一些新挑战、新领域等。没有前人的经验，去做那种你只能"摸着石头过河"的不确定性越高的事情，那么迭代思维就越合适。

三、立即动手才能成长。有些人有完美主义，凡事总想着要一切齐全了之后才动手，如很多人构思了一篇文章，却迟迟不动笔，因为他总是觉得灵感或者素材还不充分，便一再搁置，最终"胎死腹中"。对于学习与工作来说，边学边做才是更好的策略。要知道，好成绩是学出来的，好文章是改出来的，那些大文豪的文章，往往也要改上好多遍才能发表。因此，什么事情都是第一次做得很差，第二次做会改进一点，以后如果能不断重复地做，就会成为大师，这是迭代思维的具体体现。

四、了解底层原理。很多时候，我们无须去了解每一个细节，只需要掌握基本原理就可以掌握事情发展的脉络。因此，我们就要建立起这样的思维：了解一切事物的底层原理，从而找到更好的、更高层次的解决方法。因为世界上不同的领域之间，其实都有一些共性。了解之后，我们可以用多元化、多路径的方式进行思考，就会发现不同领域之间的相互作用，可以让我们的思维变得更加立体起来。如此一来，我们就将不再局限于一两条固定路径，而会有更多的思路。

五、复盘实现迭代成长。复盘是围棋中的术语，也可以叫作反思。比如，曾子说"吾日三省吾身"，就是自我成长迭代的方法。因此，聪明人都会向自己学习，因为向他人学习容易搞错方向，而向自己学习却最精准。因此，聪明人在不断地进行复盘迭代，从而让自己不断开发出高效新产品。这是因为复盘有两个绝妙的好处：一是可以探索出更好的方法，提升效率；二是不再犯同样的错误，就是成长。因此，要得到这两个好处，就要不断去复盘自己的想法和行动，使自己越来越完善。

只学习对自己有价值的知识

很多时候，我们看似学会了很多知识与道理，但真正有用的、能切实帮到我们的却没有多少。就像我们从小学到大学，学了很多书本知识，如数理化、语言、历史、地理等基础知识，但是，这些知识在社会上、在我们生活和工作中，又有多少是实用的呢？

真正的知识不是我们知道了它就可以了，而是要掌握它，把它真正学会了，才能真正有用。所以虽然"认真学习成绩就会进步"这个道理我们都懂，但是我们只有多实践，去获得一定的经验积累，等我们多次实践，获得了大量的经验，通过这个知识做成了某件事情或是多次学习之后，成绩排名提升了好多名次等，这时你才会产生学以致用的信念，这才算真正学会了。

有人觉得自己懂得的道理很多，却看不透事物的本质。要知道，我们所学的知识是要自己能使用的，在个人成长领域，不管是什么，都没有最优、最确定、最权威的认知体系。一切都没有最好，只有最适合。我们只有找到最合适当前状态的认知体系，才能使自己学到的知识发挥出最大作用。换句话说，知识不一定能给我们带来多大的认知能力，而认知能力必然包含有效的知识。

因此，只有那些能够改变我们自己生活的知识，才是真正有用的知识。

比如，在我们的学校教育里，通常财商教育都是很匮乏的。因此，很多年轻人一走上社会，往往就会因为经济上入不敷出而限制了自己的行为与发展。所以，学会投资的思维很重要，把它弄懂了，就不至于被经济问题绑住手脚。

要知道，只有当一个人的财务状况呈现良好状态的时候，他才能在生活或工作中做到进可攻，退可守，在事业与人生发展上才会有更多尝试的可能性。因此，对一些经济状态不好的年轻人来说，学一些财商课是有必要的。

如果我们学的一些知识，能帮助我们做出正确的判断和选择，或者是能帮我们解决实际的问题，从而学以致用，才是我们学习的目的。

此外，如果学到有用的东西，还要看我们自己的认知与选择，如一本口碑不错的新书，很多人觉得要是不把它读完就对不起自己花出去的钱，或者觉得对不起作者；但是这个观点对一些经济学家来说却是不同的，因为他们会觉得他没有将这本书读完很划算，因为他们知道，不管这本书的内容多么优秀，只有那些真正和自己有关的知识才会对自己有用，特别是在这个知识泛滥的时代，并非学得越多越好。

我们要提升自己，就要先学会筛选真正有用的知识：

一、稀缺性知识。"物以稀为贵"，如果别人都不知道的事物你知道，别人都不会的事情你会，你就占到了独特的优势。如果你懂的道理别人都懂，你会的技能别人都会，你就没什么优势可言，这样的知识对你来说，也就没有多大用处了。因此，只有你能做到别人都做不到的事情，你就是稀缺的、独特的，甚至是不可替代的。

二、实用性的知识。实用的就是最重要的，如果再多的知识、再大的道理，学会了之后，始终做不出一件成功的事，那么你学的这些知识其价值就是有限的。

三、学会筛选有用的知识。提升自己重要的不是获取了多少知识，而是自己筛选出了多少真正有用的知识。因此，我们可以根据自己所获得的经验和反馈，筛选一些成功的案例，从中挑出一些有用的知识，从而提升自己在某一方面拥有的独特优势。

认知升级：高效阅读经典书籍

有很多年轻人说，自己虽然读了很多书、看了很多文章、听了很多讲座，并且还记了一大堆笔记，感觉收获满满，但是，每当过后回想的时候，脑子里却总是一片空白，想不出自己究竟学会了什么……于是，久而久之，我们便不愿意再去学习，因为不是对学习没有了热情，而是学了像没学一样，变得沮丧和无力，感觉没有多大的作用。

其实，出现上述状况很大程度上是因为我们没有掌握学习的技巧。

记得有一位名人说："如果你想突破学习方面的局限，你必须加强自己的学习技巧。"

是的，要想牢记所学知识，还要掌握一定的技巧，才能把所学的知识储存起来。

日本作家大岩俊之曾经是个不喜欢读书的人，学习的时候也没有什么效率。后来，他偶然看到一本书上写着：成功人士皆为读书家。他才意识到读书的重要性，于是他开始尝试一年读二百本书。可是，这样虽然读书量有了，自己从中所了解到的知识也不少，但是他还是感觉自己的生活没有什么变化。于是，他开始思考自己的读书方式是不是有什么问题。发现了弊端之后，他就开发了一种高效的读书方法——"缓速阅读"。这个方法不但为他带来了高效的读书效果，还使他成了 Role Job 的法定代表人，做研讨会培训指导。

大岩俊之在"缓速阅读"里讲述了实用性的读书技巧，如自己如何做笔记，如何牢记书中内容，如何提高阅读效率。他还总结了一些如何学以致用、将书中的内容付诸行动、提升自身的能力等的技巧，对此，很多人喜欢并受用。

在当下这个信息时代，虽然有很多网络信息，但一些经典书籍仍然是为我们开智解惑、解决难题的优良工具。因此，读书，是认知升级的最好通道。但是，我们在读一本书之前，要有学习的技巧与目标。比如，一定要清楚自己想从书里得到什么，这时候再去阅读，也就会很容易地将读书目的与我们的行动关联起来。

当我们如此带着主动意识去阅读的时候，我们往往就会更加专注，更能集中精力，也就容易有所收获。当我们拿起一本书一气呵成，很容易就能一下子从头读到尾，也就不会再出现因看不下去而半途而废的情况了。这时候，我们就是一个合格的阅读者了。

可能很多人会问，读书为什么要看序言、目录和后记呢？殊不知，这关系到我们将整本书看下去的主要原因。

一篇看似简洁的"序言"，往往是凝缩了一本书所有的核心思想。

它不但描述了作者为什么写这本书，还为我们介绍了这本的背景以及重点、难点；还有，我们读了这本书之后可以解决的问题；尤其是可以让我们了解这本书的主要内容等知识。

一本书的"目录"，看似没有多少文字，却代表着整本书的逻辑结构和主线，更是一本书的整体构成，尤其是那些带着各级标题的目录，看完之后，我们往往就能够掌握这本书的大概内容了。

所谓"后记"，这部分内容就是对全书进行再次概括与要点的总结，它虽然显得有些次要，但是它却能帮助我们确定自己读书的详略和主次，加深我们对这本书的认识。

因此，当我们阅读了一本书的序言、目录和后记之后，对一本书的了解与掌握就会变得清晰。我们在阅读的时候，对书中的内容与知识点的理解也会变得容易。

阅读正文内容的时候，可以采取快速阅读的方式来进行。比如，我们可以把读到的内容掰开、揉碎，用自己的观点有逻辑地表达出来，这样就容易理解与记忆了。

对于内容里的关键人物，我们可以做采取标记的方式来进行理解。也可以根据人物之间的关系做一个人物事件的"思维导图"，这样在很多天之后，当我们翻开这个思维导图，内容里的一些情节与精彩片段就又会跃入我们的脑海中，这样我们也就不会轻易地遗忘了。

在读的过程中，遇到一些重要情节和句子，可以做下笔记，记下对自己有用的知识点。在这个过程中，如果激发了内在的灵感，我们就可以发表一些自己的感想与所收获的成果。这时候，我们阅读的内容就变成了我们自己的文化知识。

一位大学教授说："当我们心绪烦扰时，阅读可以为内心带来一片清凉。"这位教授还说："不动笔不读书。"他在一个讲座上分享了一个读书的小技巧：边读边记。他说自己每次阅读的时候，都会将书中优美的句子或让自己感触颇深的内容动手写下来，以加深自己读书的效果。

"边读边记"的读书方法会让我们获得真正的知识。而那种手捧一本书，一目一行、一扫而过的方式，就如浮光掠影一般，合上书后很难想起书中内容，是没有任何作用的。阅读是讲究方法与技巧的，下面这几个高效阅读法，希望能帮到你：

一、知人论世阅读法。这种方法，是在阅读的时候要看到内容中的思维方式有什么特别之处，以及内容里所讲的某些策略的局限性，才能更好地理解。所谓"知人论世"，大概是说我们为了将一件事情弄明白，不但要详细了解这件事的本质，还要研究这件事所发生的时代背景。

二、查字典阅读法。阅读时，如果我想在内容中找到思维模型，就可以把书当作"字典"来学习，以快速发现有效的经验和方法。这样，当遇到问题时，就可以直接去查找相关的思维模型，而不用把一本书看完。这样阅读的效率就很高。

三、思维导图阅读法。采用思维导图阅读法，可以提高我们的阅读效率。因此，每当读完一本书的时候，我们可以把书里的内容按自己的思路做成思维导图。做思维导图的过程，还可以锻炼我们的逻辑思维能力。

四、合书阅读法。这个方法是当我们读到对自己有启发的思维模型时，我们就要合上书本，停止阅读。这时你可能不明白"为什么看到有启发的内容就不读了呢"？其实，如果我们是想要掌握更多有用的知识，就应该花更多的时间在思考上，而非一味地阅读。因此，这种阅读的技巧，就是我们用 20% 的时间来阅读，而要用 80% 的时间来思考。

五、输出阅读法。有专家认为，读一本书之后，能不能把内容向别人说清楚，则是判断有没有把一本书读懂的方法。因此，我们在阅读的时候，一定要记住两点：一是尽量引用书的部分内容，二是以自己的感悟体验为主。

六、关键词阅读法。这种方法是要寻找更系统的思维模型，一是寻找内容里与核心问题相关的关键词汇有哪些；二是分析作者在书中要解决哪些问题，其核心内容是什么；三是你所记录的关键词之间有什么关系，它们是以什么逻辑相互作用的等，这些都可以帮助我们提高阅读的效率。

七、五星笔记阅读法。这种方法，是把别人的知识放在自己归类的知识体系里，把那些启发自己的经历与行动联系起来。其原理就是别人说出来的内容，就算记下来还是别人的，这时我们可以从中提取别人的精华，对它进行二次深加工，才能使它属于我们。

写作是知识留存的最好实践

物理学家费曼认为，知识留存率达到 90% 以上的学习，才算是真正高质量的学习，知识留存才不会白白浪费我们的精力与时间，从而让我们学以致用。那么，在众多的学习方法中，写作无疑是知识留存率最高的实践方法。由于人的本性不喜欢思考，但在写作的时候却可以督促我们进行一定的思考，这是进化带来的身体保护机制，我们在写作的时候就会不由得边思考、边输出、边记忆，不但使知识得以留存，还提升了自己的水平。

曾国藩是中国近代一位尽人皆知的、非常了不起的人物，他不但是政治家、战略家、理学家，创立了湘军，还是一位文学家，可谓一生成就斐然。不过，据悉，曾国藩在年轻的时候，并没有什么过人的天资，他与很多活泼的青年人一样，总是坐不住、沉不下心来，不但爱玩，爱凑热闹，做什么还都不能坚持。

这样一来，在人生发展上自然不会有什么大的建树。不过，在经过无数次沉浮反思之后，他在而立之年给自己定下了一个"学做圣人"的目标，于是他的人生便有了由量到质的巨大改变。从这时起，曾国藩每天都坚持写日记，记下一天发生的事情，从中反思自己的言行。如此多年之后，到四十六岁的时候，他终于做出了一些令人刮目相看的成就，这时他对自己的毅力表现与恒心都比较满意了。曾国藩总结自己的行为发展时说："之前做事无恒，也就无事为成。近年深以为戒，大小事均尚有恒，现在也就都有小成。"

由此可见，写作有一种无形监督的力量，可以使人不断地思考与完善自己。而反思与回顾，则可以提高知识的留存率。而且，更重要的是，写作还是一种重要的思想加工方法，因为你要写作，就要去先思考，之后再去分析，然后还要进行演绎与推理，如此一来，你的所思所想也就会成为一条清晰的道路出现在眼前，指导你走向正确的方向。

写作是我们将所学的知识进行内化与运用的最快捷的方式。如果我们看完一本书，不记要点，不标出关键，不写书评，不去反馈，那么我们很快就会忘记这本书写了什么，收获自然就有限。

有一位朋友是专业写书评的，这样的写作方式就是公开化的，他说写的时候就像牛吃草一般，需要不断反刍自己的知识点，同时将书中的精华恰当地提炼出来，这就要通过反复咀嚼才能写出一些"金句"。于是下笔时不但要不断输出对读者有价值的内容，还需要先戒掉"自嗨"，以逼自己进行高质量的输出。

他说，如果这本书里面有四十个知识点，那自己写书评的时候，只要在其中选取十个需要的进行价值评估，并将它们牢记下来，然后在不同的场景中进行反复地应用，以摄取其中最精华的内容，成为自己知识结构的一部分，再进行写作加工，从而分享出读者最需要的内容。

写作是一个增长才华与重新认知自己的过程。写作的时候，我们会认真审视所有创作的内容，并会认真检验自己的生活与行为，从而超越自己，使自己跳到杂乱的生活之外，步入一个清新宁静的新境界，从而提升思维与认知能力。

著名作家周国平说："日记是灵魂的密室。"是的，日记就是我们成长的心路历程：那些我们不说出来就难受，而又无法对他人说起的想法可以告诉给我们的日记，因为它可以无限地包容我们成长的烦恼。因此，写作还可以让我们有勇气面对真实的自己，如那些可怕的、愚蠢的念头，那些愤怒的、悲伤的情绪，都可以通过写作得到化解，尤其当我们看不清自己真正要做什么事情的时候，把心中杂乱的事情写出来，我们就会清醒很多。

很多时候，我们都不敢面对内心真实的想法，虽然内心是渴求被看到、被认可、被接纳的，却不敢表达出来。但写作时的文字内容，却可以帮我们把这些潜藏在冰山下的念头一一地给挖掘出来，让我们一吐为快，把心里的烦恼给解决掉，从而使自己变得真实勇敢起来。

一位中年女作家说，自己在开始正式写作之前，工作发生了很大的变化，新状况令她难以驾驭；碰巧又经历了婚姻的七年之痒，不管是在工作上还是在家庭中，都发生了诸多不尽如人意的事情。特别是在家里，孩子的问题，爱人之间的矛盾，都越来越多了，于是在家经常吵架，家庭琐事多如牛毛。这些事情往往令她无法控制自己的情绪。这种糟糕的状态，简直要把她给吞噬掉了，情绪一爆发，往往就是一天。她什么都做不了，不但严重影响工作效率，还影响了全家人的生活。

怎么办呢？她自己又不喜欢跟别人唠叨、向他人诉说心事。在万般无奈之下，她开始拿起笔记录自己的心事，之后一不高兴，就开始写日记。这样，每当她把自己心里的想法与念头都源源不断地写出来之后，居然把自己的心情给写平静了，暴怒的情绪一扫而光，心态也变得也来越稳定。

由此可见，写作还是一种身心的疗愈法宝。那些从内心深处涌出的想法跃然纸上就是一种心灵的释放，帮我们将消极的情绪化解于无形。因此，写作不但可以将我们的知识留存下来，还可以为我们带来诸多的好处，更是我们认知提升的重要环节。

说起认知能力，有人认为，它就像计算机的信息处理能力一样，是我们的大脑先天智力的能力，就相当于计算机的硬件。大脑会通过对接收到的信息进行分类筛选与储存记忆，这就是数据的输入。之后，任何输入的知识和信息，都会通过大脑的认知机制转化为我们的经验，从而进入我们的潜意识。

之所以说写作是提高认知能力的一种重要方式，是因为认知能力是对输入的信息进行加工的智能处理器。要知道，写作就是思维的传达，语言的表达，如果我们大脑里的知识和信息没有经过思维加工，那么它们就无法转换为我们的经验和能力。

写作的过程既可以促进思考，又可以促进信息的转化，从而提高认知能力。回想一下，我们的读书时代，写作业可谓我们每天受教育过程中必不可少的环节，而每学期的考试，则是检验我们是否真正掌握了所学知识的方式。因此，答考卷的过程也是我们提高认知的过程，同时也是增长记忆的过程。

要知道，如果只靠纯粹的记忆，知识很难维持长久，虽然记忆力超群的人可以记下很多知识，但必须要反复地阅读才可以提高记忆，而写作则有写一遍等于读十遍的效果。

通常来说，写作的主要方式一般是归纳和总结，打碎与重组，这就极大地锻炼了我们的逻辑思维与文字表达能力。所以，一些擅长写作的人大都是思路清晰、逻辑能力超强的人，他们的脑子里有完整的知识结构，也就便于知识的留存。

生命只有一次，如果你不想荒废急速流过的每一天，如果你想为生活留下一些什么，那就每天都写作吧！生活就会如海上的浮沤，一粒粒破灭，终至消失，而写作则是留住生活点点滴滴最好的方式。每天都进行阅读与写作，不但可以使我们看到更广阔的世界，还可以让自己少一些迷茫，多一些方向，不断地提升自己的认知与人生境界，

第六章

逆向思维训练，转身柳暗花明

只要你敢于颠覆那些陈规滥俗，就没有什么事情是不可以改变的。在竞争日益激烈的今天，生活中每天都充斥了大量错综复杂的问题，我们不妨试着逆向思考，或许一切将迎刃而解。

欺硬怕软——逆向思维与奇迹

世间万事万物不是相互联系就是相辅相成的。尽管我们所掌握的知识往往是五花八门或多类多学科的，但是当我们面对一个思维对象的时候，也不能局限于传统的习惯思维去考虑，而要多运用大脑，去开发我们的逆向思维，才能从中取得意想不到的效果甚至奇迹。

读小学三年级的小明，总是不愿意做老师布置的课外作业，无论妈妈怎么批评教育都不起作用，怎么办呢？

着急的妈妈突然灵机一动，想出了一个好主意，她说："小明，你不愿意写作业，那妈妈来写吧，我写完之后，你来给我检查、打分好吗？"

小明一听自己可以像大人一样检查作业，就高兴地答应了。于是等妈妈将"作业"写完之后，他便认真地检查了起来，并且还一一地列出了验算的算式，之后，又给妈妈讲解了一遍哪里错了。

这时妈妈终于欣慰地笑了。看着妈妈的笑容，小明也很快乐，他只是有些不明白为什么妈妈把多个作业题都做错了。

妈妈只是换了一个思维方式——采取逆向思维，便解决了孩子写作业难的问题。可见逆向思维能够帮助我们解决正面思考无法处理的问题。这种思维直接挣脱习惯思维的束缚，其方式就是反过来想，再反过来想，它紧扣目标反习惯而行。因此，逆向思维可被视为超脱思维的一种逆向套路，会有不一样的思路和结果。

我们一旦养成了运用逆向思维的习惯，就会发现，这种思维已经变成了我们脑子里的一部分智能，每当我们遇到问题时，就会在无形中多了一个可以解决问题的思路。并且，由于这种思维是反着看，它还能使我们看到事物的本质。那么，这时候我们就会自然地发现，对于一些事物，我们看得比从前更加清晰了。

洗衣机是家家都离不开的家用电器，但是可能很多人没有注意到：洗衣机脱水缸的转轴是软的。我们只要用手轻轻一推，就会看到脱水缸出现东倒西歪的样子。可是，当脱水缸在高速旋转的时候，它的形状却非常平稳，而且脱水效果很好。

原来，这种软转轴是后来改进的。其实，开始设计的时候，洗衣机脱水缸的转轴是硬的，但是在使用的时候，却会由于不断颤抖而产生很大的噪声，而且脱水效果也不怎么好。有没有一种更好的办法呢？制造洗衣机的工程技术人员，一时间想了许多办法，他们先是加粗脱水缸的转轴；后来，又加硬转轴，但是改进了几次后，仍然没有明显的效果。最后，有一个技术人员灵机一动：弃硬就软。于是他们就将软轴代替了脱水缸的硬轴，这样居然一下子成功了，不但解决了颤抖问题，还解决了噪声大的问题。

这种"弃硬就软"的技术改造，就是一个逆向思维诞生的发明创造。平时我们总是在常规的思维上打转，所以常规就一直在束缚着我们的发展。那么只有我们勇于打破这种常规，才能逆向而行，诞生一些新事物。由此可见，正是因为人类有这种逆向思维，世上才创造了许多的奇迹。

所谓"逆向思维"，是与"顺向思维"相对而言的。它是敢于对司空见惯的似乎已成定论的事物进行"反其道而思之"的一种思考方式，也叫求异思维，就是观点反过来思考的一种思维方式，也是让思维向对立面的方向发展的一种考虑方法。

反过来说，也就是从问题的相反面展开深入的探索。当大家都朝着一个固定的思维方向去思考一个问题的时候，而你却独自朝相反的方向去思索，从中发现新的路径，从而树立新的思想，创立与众不同的新形象，这样的思维方式就叫逆向思维。

杨志是一家颜料公司的推销员，在旺季到来之前，他去一家商场进行产品宣传与推销。虽然与对方早就有业务往来，双方也较熟悉，但是自从他进门之后，商场老板却一直埋头忙自己的事情，很久才不冷不热地向他问了一句："又过来了？"

杨志看出对方明显不欢迎自己，于是他也不急于提起公司的产品，而是平静地说明："是的，李总，今年的旺季又快到了，我是专门来给您帮忙的。"

对方听了他的话，终于停下手中的活，用疑惑的眼神看着他说："你专门来帮忙的？你打算怎么帮我？"

"我想帮您增加产品利润，提高营业额呀！"杨志仍然平静地说。"真的？你有办法？"对方终于来了兴趣。

杨志说："是的，李总。您看旺季到了，您店里原货物品种还是那么单调，肯定会影响销售量的。话说货卖堆山，我这次过来就是要帮您增加一些新颜色和新品牌，让商场琳琅满目起来，顾客才能选到自己满意的产品，利润自然也会多起来。"

"好，还是你想得周到，让我看看新商品都有哪些。"对方高兴地说。

杨志把自己推销的宣传册递给了对方，他看时机已经成熟，便说："李总，您看像前面这个品种都是非常受大众欢迎的，它们在全国其他城市已经为商家带来了很可观的利润呢。""哦，好，我也进一批。"对方高兴地说。杨志就这样轻松地将这笔生意做成了。

生活中处处潜藏着一些看似不可能的机变，可以使我们反宾为主，扭转乾坤，其关键是要习惯一种逆向思考的方法。因此，很多时候，我们只需要超越那么小小的一步，就可以反败为胜，从而化被动为主动，让自己掌控全局，这就是最直接的逆向思维。

而且，使用逆向思维的人，并不会给身边的人带来什么不适的困扰，恰恰相反，他们还总是能在出其不意之间迸发出奇迹的火花，从而开发出别人想不到的思想盲区。

因此，逆向思维是一种最有价值的宝贵潜能。它可以使人们对自己的认识进行挑战，所以它是对事物认识的一种不断深化，并且还可能会产生"核裂变"般的威力。新事物的发明创造，往往就是这么得来的。

"如果你想知道怎样才能活得幸福，就要从那些人在历史上重大失败的时间中寻找规律。"这是一种逆向思维的诠释，也是巴菲特的合伙人查理·芒格的名言。他是一个专门研究逆向思维的人，他本身作为一个顶级成功的投资者，研究的却是与之相反的，因为他研究的是股市投资的人，为什么大多数失败了。再如，当要研究一家企业如何才能做得强大时，查理·芒格的研究却是该企业是如何走向下坡路而导致衰败的；别人都在研究人如何才能获得幸福，查理·芒格研究的却是人是如何从幸福到不幸的。

据悉，在他漫长的一生中，查理·芒格一直持续不断地收集一些失败的案例，如企业家的事迹，学术研究领域中的失败者等，收集之后，他就会把这些人的失败原因一个一个地排列成正确决策的检查清单，从而进行详细的研究，并最终找出失败的原因及该如何挽救的对策。

现实生活中，很多人习惯于沿着事物发展的正方向去思考，殊不知，对于一些特殊问题来说，反过来想或许会使问题简单化，就像查理·芒格一样，运用逆向思维来解决企业经营中的问题，却总是屡见成效。比如，他总是从结论往回推，反过来去思考，从求解回到已知条件等。也就是说，先从目标出发，再反向推演，之后步步链接：链接战略战术，链接方法手段等，无不是解决的好办法。

心理学家认为，逆向思维的心理行为模式是立足于对对方心理预测的一种反馈，之后，依此布局，在较量时先攻其防不胜防，如此出其不意，就可以让你在应对自如之余还能反将一军。由此可见，逆向思维的威力之强大，平时多训练与培养自己的逆向思维能力，可以帮助自己快速走向成功。

突破"贫穷"思维的局限性

马太效应是指："凡是少的，就连他所有的，也要夺过来。凡是多的，还要给他，叫他多多益善。"这也可以用来反映如今的社会现象。

那么，世界上为什么会有贫富之分呢？尤其是在如今新技术、新经济加速发展的时代，这种贫富之间的差距还有越来越扩大的趋势。

其实，相比于富裕的人来说，穷人缺少的并不只局限于赚钱的渠道，还与自身的思维、视野、格局以及周围的人际关系圈等有很大的关系，这一切都限制了穷人去突破的机遇。

可以说，只有真正贫穷过的人才能切身地体会到那种没有钱的日子到底会艰难到怎样的地步，所以但凡贫穷的人都会有很多不为人知或难以言明的伤痛。其实，贫穷不仅是一种生活的状态，还是一种思维定式和行为惯性，这种强大的思维与惯性其实是很可怕的。

一位来自农村的大学同学说，他的父母就是典型的贫穷思维，不但眼界狭隘，还习惯了贫穷。他说他父母都是干建筑的，给别人盖了一辈子的房子，他们却没有能力盖一套属于自己的房子。他说自己的爸爸作为一名泥瓦匠，虽然天天在工地上干活非常辛苦，但却养成了一身的不良嗜好，不但喜欢抽烟喝酒，还喜欢赌钱。

几乎每天下了班，晚上都会和工友们一起赌钱，有时候手气不好，一个晚上就能输掉几千元，大半个月的工资都没有了，不知道搬多少砖才能挣回来。面对输掉的钱，不但不心痛，还总是一副不以为然的样子，唯恐一起打牌的朋友看不起他，好像赌博输钱是一件很豪气、很正常的事情。

后来，这位同学大学毕业了，找了一份不错的工作，工资都攒了起来。三年之后，看着够首付了，就先把房子给买了。这时候，他爸爸却奇怪了：自己干了三十年都没有盖一座房子，儿子工作三年就买了一套房子。

这时同学对他爸爸说："您虽然力没少出，但钱却没多挣；而且挣到手的钱，您又把它们都花在了那些您看来重要，实则却无关紧要的地方，所以您挣了一辈子钱，钱还是不够花。"

一般来说，贫穷思维都有一些明显的特征，具体我们来看一下：

一、缺少独立意识。有些人做事喜欢依赖他人，他们大都是习惯于"共生意识"，和家人一体，和亲朋好友一体，于是也就习惯于向他人借钱，习惯于向他人求助……借到钱或物品后，还账的时候，总是一拖再拖，自己也不觉得有什么不妥。被催着还钱，又极为反感。

总之，但凡遇到一些棘手的事情，总想依靠他人来解决。殊不知，自身实力不足，一味地依赖他人是不可能发家致富的。

二、过于富养孩子。有些人明明经济条件不好，但对自己的孩子却宠得像富家少爷一样，不但整天供给孩子吃好的，喝好的，穿好的，还舍不得孩子吃一点点苦，全家人都围着孩子转。他们不让孩子做任何家务，只要学习好就行。这样一来，虽然孩子被他们寄予很大的期望，但孩子却很难成才，因为他们从小就削弱了孩子独立的意识与赚钱养家的能力。

三、打肿脸充胖子。有些人，自己经济条件不好，却不愿意让人看出自己穷，便经常做一些打肿脸充胖子的事。有人找他们帮忙，生怕被人看不起或得罪别人，不管自己有没有那个能力都要答应下来，最后为难了自己。

四、思想固执的人。"我走过的桥比你走过的路多，我吃的盐比你吃的饭多"这类的话在生活中常常能听到，这类人习惯自欺欺人，由于思想固执，而常用非此即彼的思维看待所有的事物。他们常以经验论者自居，习惯以过来人自居，在学习、工作与生活中，凡是和自己的观念冲突的，他们总是全盘否定。如此也就容易故步自封，很难有新的拓展。

五、愤世嫉俗。有些人喜欢愤世嫉俗，他们有很多看不惯的人和事，生活中的所有不顺都会令他们怨气冲天。这样的人整天处于抱怨之中，根本无心事业与发展。看待别人专挑缺点，看事情专看负面，貌似生活中就没有令他们开心的事情。

六、爱做白日梦。有些人是空想家，他们尤其喜欢做发财梦，想着自己在某一天赚了大钱，可以毫无顾忌地买，从而乐不可支地憧憬着有钱后的快乐生活，想着想着，简直都要美翻了天。但是，到了真正要去赚钱、去付诸行动的时候，他们却不愿意去努力，也不敢去冒险，更不肯去提升自己的技能，不愿意在自己修为上下功夫，就算有时候真的去做了，也往往做不了多久，就坚持不下去了。并且，有时候，他们就算看到赚钱的机会，还总以为是个陷阱，当看到别人在做的时候便去嘲笑一番……

要突破贫穷的陷阱，除了要有长远的眼光与独到的认知能力，还要有超强的自我控制能力。

出身贫穷并不可怕，可怕的是一辈子延续着贫穷的思维。要想发迹，就要先"突破贫穷的阶梯"，要有资本增长的意识，要敢于承认自身的不足和局限，要善于发现和挖掘自身优势，并努力实践，才能踢破贫穷枷锁，从而开启人生的阳光大道，步入新阶层。

换个角度想问题，结果大不同

话说："一千个人眼里有一千个哈姆雷特。"是的，每个人的立场不同，感受就各异。面对同一个事物，不同的人去看待，所得到的结论也是不一样的。这说明，我们每个人的意识不能完全真实地反映出这个客观世界的全部模样，每个人对客观世界的反映，也就都不一样。这就是所谓的"仁者见仁，智者见智"。

我们知道，人世间繁华千万种，常常令人眼花缭乱，分不清哪一种最好。其实，很多时候并不在于事物种类的多少，而在于我们每个人所看到的不同之处。要知道，人们往往都会被自己所处的角度局限，而看不到世界的多面性。

1492 年，意大利航海家哥伦布带人乘一艘大船横渡大西洋，不顾风险，一路到达美洲的陆地，发现了一块新的大陆，从而开辟了亚美利加洲一带的新航路。毋庸置疑，这条新航路的开辟为世界各国的发展打开了便捷的通道，它不但密切了各大洲之间的往来，还开始将世界各国连成一个整体，可谓一件"利在千秋"的事情。它使欧洲大西洋沿岸工商业的经济不断地发展，繁荣了起来，从而极大地促进了资本主义社会的产生和新时代的发展，更是为后来欧洲资本主义的雄起奠定了雄厚基础。

可以说，对于整个欧洲国家的人来说，哥伦布就是个伟大的功臣。但是，凡事都有两面性，利与弊总是同时存在，哥伦布的英雄行为，在美洲大陆那群土生土长的居民——印第安人的眼里，他可是个十足的恶魔。因为自从哥伦布的船队到达，新航路开辟之后，印第安人便陷入了无休无止、痛苦不堪的生活——欧洲西方列强的大批殖民者，不但侵略了印第安人的亚非拉地区，还大肆地掠夺并破坏了神秘、安宁又美丽富饶的美洲大陆。

由此可见，很多事情，都有两面或多面性，当人们以不同的角度审视它时，便会呈现出不同的结论。因此，在平常的工作与学习中也是如此，我们看待同一种事物，所站的角度不同，所看到的也就不同。

著名画家俞仲林先生，在一次聚会中，想画一幅牡丹图送给一个朋友。但是，当他倾心作画时，不料一时失误，使画中的牡丹缺了一个边——有一朵牡丹花正好被画在了边缘上，只有半朵。但是，人们都知道牡丹花代表着"花开富贵"，缺了半朵，岂不是"富贵不全"吗？于是，朋友觉得牡丹缺了半朵总是不太好，就想让俞仲林再给自己重画一幅。俞仲林听了朋友的意思之后，提笔在画幅左上角的空白处写了"富贵无边"四个字，又对朋友说："都知道牡丹代表富贵，现在缺了一边，不就是表示着'富贵无边'吗？这可是我的新创意啊！"朋友看着俞仲林在画中的题名开心地笑了。

是啊，不管什么事情，换个角度一看，就大不相同了。一幅看似有缺陷的画，从另一方面来分析，便多了一层美好的寓意。在我们生活中的许多事情，其实也都可以试着换个角度去看待。尤其是那些让自己感到不快或不好解决的事情，往往换一个角度，换一个方法，就可以使一切迎刃而解。

我们想要有所改变，就要换个角度去看待事物。因为只有学会从不同的角度看问题，我们才能够开拓出新思路，才能使自己不断地有新认识及新见解，从而使自己的发展更上一层楼。

换个角度看问题，是一种豁达，更是一种睿智，它可以帮助我们去发现各个角度的风景之美，还可以帮助我们在寻找风景的过程中发现希望。

学习哲理，让思维不断升级

"人是一根会思想的芦苇"，这是法国哲学家帕斯卡尔说的一句话，他认为："人只不过是一根芦苇，是自然界最脆弱的东西，但人是一根会思想的芦苇。"在茫茫宇宙中，人的生命显得渺小又脆弱，但是一旦人类有了思想，人存在的意义就不同了，他就会变得很强大、很坚强了。这就是哲理赋予人的意义。

说起哲理，它是人们对于真理的追求，也是大家对生活方式的讨论，哲学的智慧又产生于人类的实践活动。因此，哲学是从人们在认识世界和改造世界的活动中被发掘出来的，又是人们在处理人与外部世界关系的实践中逐步形成和发展起来的，所以哲理又充满智慧与理性的光辉。

一位颇有学问的老人，晚年用一生的积蓄收藏了许多珍贵的古董。但不幸的是，老人的妻子前几年就去世了，而老人的三个孩子在国外留学后也都在国外成家立业了。

所幸老人晚年还收了一个学生。他的学生经常跟他在一起，边学习边照顾他。

老人的孩子们从国外打来电话的时候，总是叮嘱自己的老父亲，不要被这个学生给骗了。他们说："爸，你这个学生这么年轻是很不靠谱的，他看似很孝顺的样子，却放着自己的正事不干，成天陪着你，肯定是有预谋的，小心到最后他骗了你所有的家产。"

"我又不是傻子，你们说的这些我都知道！放心，你爸我心里都明白着呢。"老人总是这么说。

老人离世了，学生一直守在他的身边。老人的三个孩子得知消息后，也都从国外回来了。这时，律师过来向他们宣读老人的遗嘱。听完老人的遗嘱之后，三个孩子的脸都变黑了。

老人的遗嘱是这样的：

"我的三个孩子虽然都说孝顺我，但却没有一个在我的身边。虽然我的学生可能会贪图我的财产，但他却真正陪我度过了苍凉的晚年。所以，我心里非常明白，就算我的孩子们心里是有我的，但是他们的孝顺却只是说在嘴里、挂在心上的，却没有一个能来到身边真正地照顾我，那么，这样的孝顺，实际上却是不孝。相反，就算我这个学生对我的孝顺是心有所图的，但是他能做到照顾我十几年如一日，在我面前连句怨言都没有，那么，这实际上就是真孝顺。所以，我决定将百分之八十的财产由他来继承！"

看完故事，我们不由得赞叹老人目光如炬，感叹老人透过现象看本质的能力：自己的孩子再好，也不如一个学生对自己有用。因此，我们看事情不要只用眼睛，而是要用我们的心去看，用大脑去分析，才能一层层找到事物的真面目，才不至于被假象迷惑。

有一个总想不劳而获的年轻人，一天，他上街去买外套，就想花极少的钱买价格不菲的品牌服装。到了一家品牌店之后，他看中了一件上千元的衣服，却只给店家出一百元。没想到店家却说："你想要一百元的价格买走这套价值一千元的衣服也可以，但你必须得答应我一个条件！"

"什么条件？"年轻人说。"你在三天内不能说话。"店家说。"可以！"年轻人一听乐坏了，想都没想就答应了。于是店家就收了他一百元，给了他一件一千元的外套。年轻人一看，这外套买得太划算了，马上就穿在身上，不声不响就回家了。

到家之后，媳妇见他穿的这套衣服非常不错，就问他多少钱买的，但他却一言不发；媳妇又问他是在哪家店买的，他还是不说话。

到了第二天，妻子再三追问他衣服的事，但他依旧不说话。媳妇着急了，以为他大脑出问题了，就赶紧请来了心理医生。但是，心理医生询问他的时候，他依然咬紧牙关，不肯说出一句话，医生从没见过这样的病人，心里也慌了，认为他这是千古难遇的怪病，根本无法医治，便嘱咐他媳妇一定要小心地照顾他。他媳妇一听，心里更加害怕了。

三天的时间到了，服装店老板来到了年轻人的家里，没有直接找他，而是先与他媳妇交谈了一会儿。然后，才又来到年轻人的房间里，他说："年轻人，时间已经到了，你可以说话了。"店老板说完，没有停留，就赶快走了。

这时候，年轻人赶紧把自己一百元的价格买到一千元衣服的事情无比高兴地说给自己的媳妇听。

"什么？你这样真是贪小便宜吃大亏啊！我告诉你，刚才那个店老板跟我说他能治哑巴，给他两千元，他可以让你立即说话。于是他刚才拿着咱家的两千元钱急匆匆地走了！"媳妇瞪着眼睛说。

上面的故事虽然夸张，在现实生活中通常不会出现，但这个小故事告诉了我们一个发人深省的道理：不要总是想着不劳而获，否则很容易得不偿失。

"占小便宜吃大亏"就是上面这类故事的典型写照，如果没有正确的思想与人生价值观，总想着不劳而获，就会使我们在不知不觉中迷失了自己。迷失了自己的本性，丧失了自己的未来与发展。

亚里士多德说过："人生最终的价值在于觉醒和思考，而不只在于生存。"

哲理就是一种清晰的思维运动，我们在生活中一定要多经历、多体验，多观察、多沉思，让我们思考人生，思考生活，思考世界，从而用心去感悟哲学里的人生，用心去提炼生活里的哲理。

法国哲学家帕斯卡尔说："思想形成人的伟大，人的全部的尊严就在于思想。"是的，一个连思考能力都没有的人，怎么能拥有尊严呢？如果我们没有思想，做事就爱冲动，那么冲动的后果就会令自己犯下很多不应该的错误。

因此，真正学哲学的人都知道什么叫理性，他们会随时保持冷静，知道凡事要从不同的角度去看，凡事要多问几个为什么，知道先搞清楚来龙去脉后再下结论，知道多思考事情背后的本质和问题的根源，然后再做评说或行为，才不至于使自己的行为落为笑柄。

"知识就像梯子，上房以后，梯子就放一边了。"这是英国哲学家维特根斯坦的名言。哲理与我们的人生密切相关并有着深远的影响力，就像人为了活下去而吃饭，哲学可能会让人感觉"味同嚼蜡"，但是哲理知识对我们来说可谓潜移默化的、可以渗透到血液中的思想营养。

离开哲学，我们的人生就是盲目的，因为哲学道理大都是令人深思、发人警醒，且回味无穷的，所以哲理不但可以帮我们完善自我，塑造自身的价值观，还可以帮我们洞察生活、解读大千世界，从而提升我们的人生境界！

让他人信服，多用亲和思维

生活中，我们常常发现，有些人一见面会让你心里不舒服，甚至有种说不出的厌恶感；有些人虽然也是第一次认识，却会给人一种亲切感，从而让我们愿意跟他接触。生活中，有些人说话苍白无力，不但没有说服力，还使人不想听下去；而有些人说话的时候有血有肉，充满感染力。这是为什么呢？其实，这可能不只是与一个人的形象状态有关，还与一个人的思维能力有很大的关系。

20世纪20年代，石油大王洛克菲勒是科罗拉多州一个最受鄙视的人。那时候，正逢美国工业史上的一次声势浩大的罢工潮，整个科罗拉多州动荡不安了两三年。大街上到处是愤怒暴躁的煤炭工人，他们天天呼喊着要求科罗拉多石油钢铁公司给自己增加薪酬。这令洛克菲勒非常恐慌，因为工人们说的这家公司眼下正好归洛克菲勒管理。而且，更糟糕的是，公司的厂房被工人们给损毁了，罢工者疯狂的举动遭到了军队的镇压，发生了许多起令人难以置信的流血事件。

当时的整个情况都非常恶劣，整个科罗拉多州到处弥漫着仇恨的气息。这时候的洛克菲勒非常希望自己可以得到罢工工人们的理解，好使自己的公司可以正常运转起来。那眼下要怎么办呢？

洛克菲勒通过各种人际关系，开始广交朋友，拉拢社会的各界人士，通过他们把罢工者的各处代表都召集到一起，在给予他们利益的同时，为了打动大家，使工人们都相信他，他又展开了一场几乎史无前例的惊人演说：

"看到大家我非常高兴！今天，是我一生中最值得纪念的一天，大家的到来使我万分荣幸。告诉你们，这是我第一次如此幸运地会见这家伟大的公司的劳工代表、职员和各位主管，我会将这次会面谨记一生的。其实，我是一个与你们一样热爱生活与家庭的人，所以我曾拜访过你们的家庭，见到过不少你们的妻子儿女，我们今天在这里相聚不是以陌生人的身份，而是朋友……想必你们也能感受到：在这种相互友善的气氛中，我很幸运有这样的机会，同你们一起探讨我们共同关注的问题……"

洛克菲勒用极其友善的态度来阐述事实，使这场演说成了一个化敌为友的联谊会。他精彩的演说不但使那些一心要罢工的工人都心甘情愿地回去工作了，并且也没有再提加薪的事。于是，这次演说带来了令人称奇的效果：平息了愤怒者的狂躁情绪。而且，洛克菲勒还为自己赢得了许多支持者，从而取得了意想不到的成功。

有一句古老的格言说："一滴蜂蜜远比一加仑的胆汁，更能捕到更多的苍蝇。"是的，没有谁能拒绝甜蜜而又美好的事情。如果我们想赢得别人的信服，首先要做的就是要向他表现出你友善的一面，让他觉得你是一个十分亲切的人，就如同一滴蜂蜜，抓住了他的心，使他确信你就是他的好朋友。就像洛克菲勒对工人的演说那样，用语言技巧将自己的意思说到对方的心坎上。

由此可见，如果我们想要取得别人的信服，就要多向对方使用一些"亲和"思维，具体方法可以根据以下几种环境和人员情况灵活运用：

一、换愤怒于友善。一般情况来说，当我们遇到难事的时候，总是用很激愤的情绪去面对，这时也就难免会在冲动之下把事情搞得更糟糕，甚至导致以暴制暴的情况发生，从而造成更严重的不良后果。要知道，怒火之下，言行必失，过激的行为不但不能解决问题，还会加剧问题。因此，如果我们能用理性的一面去对待，反而能更好地处理双方的矛盾。如果能用友善的方法来解决问题，则更容易取得别人的信服。

二、回避争论法。我们都认为自己的观点是对的，即使是自己真的错了，往往也不会轻易放弃自己的观点。所以，争论只会让事情变得更糟。所以，我们不如承认对方的观点是对的，让对方平静下来，才便于双方的交流。当我们避免了与对方发生冲突，双方的沟通才能真正开始。

三、善静听多鼓励法。一个人要想拥有良好的人缘和威望，最重要的一点就是要有静听的能力。因为如果你能静静地听完一个脾气爆发的人讲的话，并理解他的心情，告诉他为什么才会发怒，面对你这样忠实的听众，那么他的怒气很快就会减弱。这时候，他会对你尊重有佳，你再趁机鼓励他，他就会听进去你说的话。

四、兴趣聚焦法。要想让别人对自己感兴趣，就要先知道这个人对什么最感兴趣，了解了他想要什么，就跟他谈什么，这样才能让他容易接受你的建议。因此，想让别人喜欢并信服你，你与别人所谈论的内容一定要容易被他接受才可以。

开启头脑风暴，多用交叉思维

当你遇到瓶颈时，不要急于否定，不要过于焦虑，可以平静下来，多利用交叉思维，往往就可以从多个方向来开拓我们的视角，从中发现我们最想要的东西。

夏奇拉，是拉丁美裔的传奇歌手与作曲家，非常有才华。她的成功就与交叉思维有关——在各种音乐相融中找到"交叉点"，也就是说，在跨文化思维方面，夏奇拉更容易被具有多样背景的观众、受众及粉丝接受，因为她的音乐是多文化交汇在一起的组合，既有丰富的文化底蕴又有个性特色的魅力。据悉，她在美国发行的首张专辑《爱情洗礼》就是属于多文化相融风格，该专辑甫一上市，便风靡全国，很快就荣登了流行排行榜的榜首，从此一举成名。

夏奇拉的音乐之所以能够独具一格，是因为她把阿拉伯音乐和拉丁音乐完美地结合在了一起，从而"形成了属于她自己的流行与摇滚的奇妙结合，这也令她的音乐风格，在很大程度上有别于或优越于同时代其他哥伦比亚歌手"。

夏奇拉的音乐创作就是交叉思维的典型体现。也就是说，"当我们的思想立足于不同领域、不同学科、不同文化的交叉点上，这时候，我们就可以将现有的各种概念联系在一起，从而组成大量不同凡响的新想法，这就是交叉思维"。

关于交叉思维，世界各地的设计师、艺术家、企业家、科学家以及各行各业的改革者，都非常赞同这一观点。这是因为在不同领域和不同文化的交叉领域，在很大程度上有利于创意的产生，因此，正是因为交叉点的存在，才创造出了更优越的文化思维。

什么是交叉思维？其实，说起交叉思维也很简单，就是从一头寻找答案，在一定的点暂时停顿下来，这时再从另一头来找答案，之后也在这点上停顿下来……最后，当两头或多头交叉会合形成一种沟通思路时，再从中找出正确的答案的一种思维方式。这种思维，就是通过另一种视野去看待问题，不但可以激发我们的头脑风暴，还可以打开一个全新的思路。而当我们及时地抓住了这一灵感的闪光点，那就要恭喜你了——因为你已经踏入了交叉思维的大门。

因此，交叉思维就是将现有的各种概念联系在一起，组成大量不同凡响的新想法，从而获得意想不到的成功。并且，交叉思维可以帮助我们突破某领域的壁垒。话说"汝若欲学诗，功夫在诗外"，我们可以通过引入别的领域的知识或技能，去突破自己的领域，为自己开创一个新局面。

　　在这个时代，不断地去探索新的事物，才会有更多的创新和发现。由此可见，通过交叉思维可以引爆我们的想法，从而产生出新的发明创造。

第七章

唤醒元认知能力，让你飞一样成长

唤醒元认知的人，对自己的思维过程能够有一种清晰的了解与认识，就能让自己的人生实现第二次飞跃。

使用 VRIO 模型，让自己脱颖而出

"一个人的收入是和自己的不可替代性成正比的，你只有拿出的东西和别人的不一样，你只有成为人群中不可替代的那一个，你才有可能脱颖而出。"这是央视著名主持人白岩松说过的话。但是大千世界，众生芸芸，一个人想脱颖而出，谈何容易？

尤其是在职场中，如果你想让领导第一眼就看到你，那么你所需要做的就是能够做到别人做不到的事情。那么，什么事情别人做不能而你能做到呢？

那就需要你的能力，你的竞争力，你独一无二的能力，可以让你具有不可替代性。要成为不可替代的人，就要打造个人的核心竞争力。

美国畅销书作家塔拉·韦斯特弗，是一个非常了不起的、富有独立个性的女性，她的代表作品《你当像鸟飞往你的山》的出版再一次向世人证明"教育改变命运"这个陈旧到几乎没有人想再拿出来讨论的道理。

著名企业家、慈善家、微软公司创始人比尔·盖茨曾经

采访过她，发现她年轻时生活并不尽如人意：她不但出生在一个非常保守的摩门教家庭，还没有受过任何正规教育，从出生到十七岁前，一天学都没上过，只是终日在大山里破铜烂铁的垃圾堆旁待着。

然而，谁能想到就是这样的生存环境，竟让这个女孩在一段时间的自学之后考上了名牌大学。并且，之后自己又继续深造，最终成为剑桥大学的历史系博士。关于自己的成功之道，塔拉·韦斯特弗给出了这样的公式：成功＝努力＋运气＋不公平的优势。

塔拉·韦斯特弗用自己的实际行动验证了逆袭的成功。她的成名作品《你当像鸟飞向你的山》不但成功登顶《纽约时报》的畅销榜，并且连续80周高居畅销榜榜首。

塔拉·韦斯特弗曾多次分享自己的知识和见解以及成功的历程：十七岁还没上过学，到逆袭剑桥、哈佛，成为历史学博士的这种"不公平的"优势等，做了多次讲座及授课。据悉，通过这种方式，她就赚到了高达800万美元的年收入。

关于塔拉·韦斯特弗的成功，一些专家认为，她这种不公平的优势实际上也可以称为认知心理学上的"差异化优势"，那么，这个优势最直接的说法就是一个人的"核心竞争力"。

所谓"核心竞争力"，听起来非常高大上，其实，它就是一个人所拥有的可以让自己在职场或其他竞争中脱颖而出的一种最核心的能力。而这种能力，就是一个人在职场中获得晋升、在事业的发展上最有价值的一种优势。

那么，一个人的"核心竞争力"究竟如何，是否很强呢？

美国管理学会院士、能力提升专家杰恩·巴尼提出了一个叫"VRIO 模型"的能力分析工具，它可以用来分析一个人的"自身核心资源"和"核心能力"。它由以下几点共同组成：

V：Value，代表的是有价值的。但在这里所指的是一个企业里所拥有的资源和能力，并且这种能力在它遭遇外部危险或者外部机会时，能不能做出快速、有效的反应。

R：Rarity，代表的是稀缺性。也就是说，一个资源，你有别人没有，它就是稀有之物，如此才能形成你的竞争优势。

I：Inimitability，代表的是不可复制性。是说你所拥有的核心能力和资源，究竟是不是不可复制的。如果可以复制，那么就很容易被人学会，就降低了你的价值，所以你的这种竞争优势就是短暂而不可靠的。

O：Organization，代表的是组织。也就是说，组织能力才是发挥核心资源和能力的关键。

总的来说，就是有价值、稀缺性、不可复制性与组织力，也就是说一个企业或个人想要获得较强的竞争优势，就要利用所拥有的有价值的资源和能力，必须抓住机会，才能避免所存在的一切威胁。并且，还要记住，所有的核心资源和核心能力只有通过强大的组织能力，才能将资源转化为自己的竞争优势。

一个人的核心竞争力，既决定了一个职场人在职场中一定的影响力，又决定了其发展势能。

对此，杰恩·巴尼提出，高价值的选择一定要从有价值、稀缺性、不可复制性与组织力四个角度出发，来加强个人核心竞争力的构建。因为它们能够让一个人的核心能力得到充分运用，并体现出自身价值。

杰恩·巴尼还强调，真正想要脱颖而出，不仅要有核心竞争力，还要有为公司创造突出价值的能力，更重要的是，还要获得领导认可，才能为你带来职场影响力最重要的优势。

战国时期，秦国的大军包围赵国的都城邯郸，当时的形势十分危急。危急之下，平原君受赵王之托，赶紧请楚国出兵解围。当时平原君召集二十个门客，但最后差一个人，怎么办呢？这时候，毛遂告诉平原君，自己想跟他们一起前去楚国做说客。但是，平原君却说他来了三年，一点儿锋芒与才华都没有显露出来，认为他难以胜任。不过，毛遂充满自信的坚持，最后打动了平原君，让他一起去了。

到了楚国之后，平原君和楚王费尽口舌，谈了整整一个上午，楚王都不愿意出兵相助。这时候，毛遂把楚国必须"出兵援赵"的道理给楚王讲得清清楚楚。楚王彻底被说服了，赶紧出兵相助。

这就是"毛遂自荐"的典故。毛遂如果不自荐，他能言善辩、有勇有谋的核心竞争力根本就无法让领导知道，自己也就没有一展才能的机会。因此，他的做法就是一个高价值的选择，从而使他的个人价值体现得淋漓尽致，所以这次自荐对毛遂来说就是一个绝佳的机会，使他脱颖而出，从此让自己在赵国站稳了脚跟。

认知觉醒，助你成为沟通高手

"一言之辩重于九鼎之宝，三寸之舌强于百万雄师。"从这句话里，我们可以看出，人与人之间沟通交谈的重要性。在信息飞速发展的今天，沟通可谓我们走向社会、创造事业、步入成功阶梯的金钥匙。沟通的重要性不言而喻。但是，沟通也是一门艺术，在与他人沟通时，语言表达能力和表达技巧显得尤为重要。因为我们只有具备良好、高效的沟通能力，才能使我们在生活、工作与学习中如鱼得水。要想成为沟通高手，光会交谈与表达是远远不够的。因为我们每个人天生就是主观的、片面的、有偏见的，如此一来，如果没有清醒而正确的认知能力，是无法进行高效沟通的。

如果你听不懂或听不明白对方在说什么，那你就无法做出正确而合理的反应与应答。

林克莱特是美国一个知名栏目的主持人，一天，他访问的时候遇到了一个小男孩。他问这个孩子："你长大后想做什么？""我要当一个飞行员，在天上驾驶飞机的那种。"男孩很自信地回答。

"挺厉害啊！但是，如果有一天你的飞机飞到太平洋上空的时候，突然所有的引擎都熄火了，这时候你会怎么办呢？"林克莱特故意问男孩一个难题。

"这事确实不好办。但是，我会先告诉坐在飞机上的人，要他们都绑好安全带。然后，我马上挂上我的降落伞，一个人跳出去。"男孩想了想说。

"哈哈……"男孩的回答使现场的大人们都笑得东倒西歪的，还有人说："别问了，结束吧，他不过是个孩子……"

但是，林克莱特却没有结束访问，而是继续认真地注视着男孩，想看他是不是一个故意耍聪明的小家伙。

可是，令他没想到的是，预料之外的事情发生了——男孩默默无言，却努力地忍着悲伤，只有脸上的两行热泪夺眶而出……这时候，林克莱特才发觉这个孩子心中的悲悯之情，远非笔墨文字所能形容。于是，他十分尊敬地问男孩："你为什么要这么做？"

"我要去拿燃料，我还要回来的！"

在人与人进行交流时，双方都有一种潜在的期待摆在那里——希望对方能又快又准地领会自己的意思，明白自己表达的是什么，以使自己的劳动不至于白费。因此，沟通最重要的是，听到别人说话时，我们真的听懂对方说的是什么意思，如果不懂或不怎么懂，那就不要武断地下定结论，要耐心地听别人把话说完，这样才不会误解别人的意思。就像上文中的小男孩，如果最后林克莱特自己的认知能力不够高超，那他就不会让男孩把自己的想法完整地表达出来，那他就会与别人一样曲解孩子的意思，那么他的这次采访也不会这么精彩地被流传下来。

与人沟通的时候，不要听话只听一半，也不要把自己的意思投射到别人所说的话上，更不要自己没听懂而轻易地给别人下结论，因为这些都是没有意义的沟通。

松下幸之助说："企业管理是沟通，现在是沟通，未来还是沟通。"所以，不管做什么，都离不开沟通。但是，虽然我们都渴望成为一个人际沟通的高手，都渴望成为一个有影响力的人，但一定要进行有意义的沟通，与人交流时要充满自信，要结合双方的利益，要坚持到底，往往能取得最后的胜利。

传说，汉武帝在位时，从小把他养大的奶妈在老年之后犯了错，汉武帝一怒之下，准备治她的罪。

奶妈赶紧向足智多谋的东方朔求助，让他帮自己摆脱牢狱之灾。东方朔了解情况后说："你这件事是无法用嘴说清楚的，你如果想获得解救，只有一个办法，那就是，在抓你走的时候，你只是不断回头，用眼睛深深地注视着武帝，千万不可说话。这样，或许还有一线希望。"奶妈点头道谢。

到了给奶妈定罪的这一天，奶妈在汉武帝和东方朔面前不做任何辩解。汉武帝见奶妈默认自己有罪，便给她定了罪，吩咐侍卫将她带走的时候，奶妈依然什么也不说，只是不断地回头，用两眼注视着汉武帝。

这时，东方朔趁机对奶妈说："你太痴了，我知道你为什么回头。但是，圣上现在已经长大成人了，难道你还以为圣上还需要你的照顾而生活吗？"

武帝听了这话，不禁回想起自己小时候被奶妈悉心照料的经历，当即赦免了奶妈。

由此可见，良好的沟通能力与绝妙的沟通技巧，不但可以扭转乾坤，还可能创造出意想不到的奇迹。而且，这个故事还告诉我们：人都是情感型动物，都具有一定的良知，所以在沟通时，我们只要动之以情，晓之以理，往往就能达到所预想的效果。

思维升级，让你在职场快速晋升

身在职场中，人人都想晋升，因为升职加薪是每个在职场打拼的人的梦想。但是，晋升之路往往没有我们想象得那么平坦，虽然很多人都想晋升，但他们不知道自己要做什么，也不知道自己未来的发展方向是什么，如此不清醒的认知，就很容易在职场中迷失自我。

那么，想要拥有满意的工作，不但要有明确的方向，还要加强自己的能力，更要不断地提升自己的思维。关于思维升级，在近些年最前沿的科普文化中，最让我们震撼的可能就是"我命由我不由天"之类的豪言壮语了，因为这些让我们觉得：机会永远存在，我们完全可以靠自己的意志和努力来改变自己的境遇与生存方式。

这种思想虽然非常励志，但如果一个人的思维能力达不到的话，想做任何惊天的壮举都是空谈。因此，要想提升自己，唯有先升级自己的思维。

小李是公司的中层领导，前几天上司邀他开个会，说是要讨论一个重要活动，并就该项目的安排方案确定一下。会议上上司提了几条建议，说是一定要调整。小李就按上司的意思进行了修改，最后上司算是对方案满意了，并让小李将活动的任务分发下去。但是，最后上司又随口对小李说："到时把调整的那几条也一并发给相关的同事们吧。"这下，小李有点不知所措了，因为按照以往的惯例，类似这种小的改动一般不会全部通知的。他想既然是上司的指令，那就一并发了吧。

可是，小李没想到中午上司看到小李发的邮件，居然非常不悦："哎呀小李，你怎么搞的？像这种微小调整有必要发给这么多人？以前是怎么做的忘了吗？那次不是说我们两个心里有数就行了？"

小李一听这话，真是满腹的委屈，但他又不好生硬地反驳领导，只好说："哦……我知道了。"不过，后来憋着一肚子闷气的小李，一个人又细细地想了一下，忽然明白了：上司说的"通知"应该指的是那种口头的或者非正式告知，但是当时渲染场景的信息被过滤了，如此一来，就变成了信息内容只有上司自己知道，而小李却不知道具体是什么。这种情况在沟通中也是非常常见的。而发生这种情况的问题在于：就一种情况来说，指令和常识相互冲突的情况下，选择了指令优先，而不是先去澄清一下，才发生了这样的误解。

其实，当时只要小李能多问上司一句话"您的意思是要发邮件通知大家，还是我口头向他们传达一下"，那就不会出现这个问题了。

由此可见，"当常识与指令相冲突时，是先澄清还是沟通"，可以成为一条沟通的原则，而且，更重要的是，让这条原则生效的过程其实就是一种思维升级。

从这个例子中，我们就不难发现进行思维升级的重要性，我们的思维升级了，认知能力提高了，就可以清楚明白地看清许多事，如此也就可以轻易地避免很多风险和错误的发生，自然也就提高了我们的正确决策效率。

思维升级对我们的发展非常重要，但思维升级的方式不是凭空就能产生的，而是在通过各种各样的、不断地学习，才能慢慢形成。学习方式有很多种，如经验、书本、传授、感悟、见闻等。我们通过学习这些方式，积累自己的知识，不断建立起自己的认知模式，并逐步调整自己的思考方法，从而一步一步地提升我们的思维能力。

我们想要积累知识、升级认知能力，多读书是最有效的方法。但读书也不是一味地多读，而要讲究一定的方法。比如："主题式阅读"是一种很有效的阅读策略，它可以让我们更系统地学习到一些特定领域的知识，也可以让我们掌握某些选择的技能。看书的时候，不要只挑自己喜欢的书籍来阅读，因为这类知识对突破自己作用不大，并且，那些让自己觉得"舒服"的内容，就像拔苗助长一般，读得越多越妨碍成长。

要读那些对自己有用的，能提升自己能力的书籍，才能不断积累知识，不断提升自己的思维认知能力。

此外，思维升级也可以利用一些思维工具来进行，往往可以产生快速而显著的效果。比如以下这几种思维工具都很好：

矩阵思维。所谓矩阵，就是先画出一张图的横轴与纵轴，就像"四象限法则"那样，之后再将一些必要的思考因素排列到其中，然后，我们就要在此基础上进行一些详细的分析。比如，把要做的事情，按照轻、重、缓、急排列组合，再分成四个象限划分，再对其进行分析，如哪些是优势、弱点、机会、危机，如此就会帮助我们对时间进行深刻的认识及有效的管理。

交叉思维。这种思维工具可以使我们主动将各种各样的概念进行随机与组合，从中发现新的领域和解决问题的新方法。这种思维方式，不但可以拓展我们的视野，引导我们发现自己的思维盲区，还可以让我们接触不同的知识，从而突破思维的联想壁垒。

故事思维。讲故事永远胜于讲道理，我们可以通过一些讲故事的方式来提升自己的思维能力。讲故事的时候，需要用表情传达情感，如一些手势等身体语言可以增加说服力，并且，讲故事的时候，采用声情并茂的语气可以让我们产生足够的影响力。讲故事并非与生俱来的天赋，因此才需要不断地学习，才能逐步改善我们的思维模式。

人间清醒，让个人的行动价值最大化

"人间清醒"一词，近两年越来越被大众认可。其大概是指在如今这个信息量爆棚与满目繁华的世界里，始终保持清醒的认知与头脑，是一个人立足于世最重要的事。

我们只有清醒地明白自己是谁，想要什么，会做什么，才能明确地给自己定位，不会在物欲横流、瞬息万变的时代中迷失自我；才能理性且踏实地进行自己的生活和工作，让自己的行动不拖泥带水，让自己的个人价值最大化。

小陈在工作的时候，一小时可挣 50 元。但是，一天他没有工作，而是花了一小时玩网络游戏，并且玩游戏的时候，还充值了 50 元钱。这样一来，实际上他在玩游戏这件事情上付出的是 100 元的成本——浪费一小时少挣 50 元，加上充值的 50 元。

不过，如果我们再深入地想一下，浪费掉的岂止 100元？要知道，事情是在发展的，如果小陈工作了一年之后，他的薪资可以上调20%的话，那么我们算一下，他每小时的工作量会给他带来工资的增加又是多少呢？因此，小陈玩一小时的游戏，实际的损失是多于100元的。

不管做什么，不管怎么投资，让自己保持清醒的认识非常重要。尤其是在人生规划上，一定要有一个正确的时间投资意识，事业才可以发展起来。并且，我们把时间投资到哪个地方，哪个地方就会有回报。我们必须意识到每天拥有的时间，都是有它的价值的，甚至是有它的价格的。

大家都喜欢三观正的人，都希望自己能够成为"人间清醒"的人。但是，拥有清醒的认知与正确的三观也不是一件容易的事，因为很多时候，我们看某个人不顺眼，可能仅仅是因为对方某一方面，比如他与我们所站的角度不同，便会出现差异，所以，我们要知道不仅是不同的人，会有不同的立场；就算是同样的人，有时候也会有不同的立场。因此，凡事不要轻易否定与我们不同观点的人，而要学会选择性地去听取别人的意见。所以，及早培养独立思考的能力，我们才能摆脱一些固有的错误思维对我们行为造成的影响。

我们知道，每个人的一天都有二十四小时，但这二十四小时对每个人来说，却有不同的时间质量。比如，有些人在这二十四小时之内，精力充沛，做事活灵活现的，效率极高，可以做很多事情，创造了很多价值；而有的人，整天无精打采的，一天到晚无所事事，毫无质量可言。

为了把我们的行动最大价值化，我们要学会判断与取舍：什么事情必须得做，什么事情不那么重要。并且，在自己的大脑里还应该清醒地保持一个念头：我的时间是有限的，应该去做更重要的事情。

千万别认为自己还年轻，说以后有的是机会。这样就很容易进入一年又一年的死循环之中，最后好像自己什么都没做成，岂不荒废了一生？所以，不要觉得很多人做大事都是几十岁的年纪，我们要先看看那些相对成功的每个人的履历，他们哪个不是在很早的时候就开始策划自己的发展了？

越是厉害的人，行动就越早。也就是说，想要成功，就要早点明白，早点行动。

一定要记住：千万不要等到自己认为万事俱备了再去行动，这是最大的错误，因为人生很难做到万事俱备。而东风却时常都在，只要你行动起来。因此，我们要对自己有个交代，要对未来有交代，那只有通过合法合规的手段早些实现自己的人生价值，以后的人生才能更安然。

要知道，我们每个人的人生都是有限的，做不了太多的事情，它就像一个小小的行李箱，能让带在身上的东西太少了。因此，在有限的时间和精力上，我们必须要学会取舍，把有限的精力集中在重要的事情上，这样我们才能掌控人生的方向，才能更好地把个人的行为价值最大化。

高效认知，让你飞一样成长

我们要想不断成长，要想实现更大的目标，最重要的事情就是进行自我的认知升级。也就是说，得让我们的思维超出目前所处于的人生层次，打破眼前的局限，接触到更高的思想层级。

可能很多人都没有想到：热牛奶比冷牛奶结冰快，因为按一般的生活常识来说，我们往往会认为：冷的比热的结冰快。但是，没想到真实的现象却是相反的。更没想到的是，这个现象居然是一个叫埃斯托·姆佩姆巴的中学生发现的。

姆佩姆巴在一杯热牛奶里加了糖，他准备做一个冰淇淋。但是，如果要等到热牛奶完全冷凉后再放入冰箱的话，还需要再等一段时间，而这个时候可能别的同学做的冰淇淋已经把冰箱的空间给占满了。于是姆佩姆巴便赶紧把自己做的那杯热牛奶塞进了冰箱。但是，令他没想到：自己做的那杯热牛奶比别的同学做的冷牛奶结冰要快得多。

这个发现激发了他的兴趣，他一个人去求教奥斯博尔内博士。奥斯博尔内博士了解了情况之后，自己也做了一个同样的实验，结果证实了热牛奶确实比冷牛奶结冰快。

这无疑是物理学上的一个重大的新发现，此后，很多科学杂志等权威刊物上都相继刊登了这种自然现象，还把它命名为"姆佩姆巴效应"。

由此可见，生活中可能时刻都会有令人惊奇的事情发生，而对于那些不同凡响的现象，我们不要大惊小怪，更不要刚开始就加以否定，要跳出眼下的思维和视角去看待这个新问题，从而客观和理性地分析其中的原因与原理，说不定它就是个新的发现或者发明。

现在"认知升级"一词被谈得很火，尤其"高效认知"更是大家所热衷的话题，因为大家都想通过高效认知来提升自己。其实，获得高效认知最好的方法就是：借势——站在巨人的肩膀上来成就自己。

众所周知，孙正义曾是马云的领导，他曾经投资阿里数亿元资金。但是，据悉，孙正义和马云的第一次见面，两人只交谈了短短六分钟，孙正义就决定先给马云两千万元的投资了。这好像是一件不可思议的事情，其实，很多人却不知道，在孙正义决定投资马云之前，另一家公司的总裁高盛就已经决定要给马云投资了。

因此，在有人给孙正义介绍马云的时候，孙正义就已经知道高盛与马云的情况了，并且还清楚地得知，高盛在投资之前对马云的情况已经做了非常充分详尽的调查，并且，高

盛调查团队的专业性他是非常认可的，所以孙正义才能那么
干脆利索地决定给马云投资。

由此可见，当我们想要做一件事情的时候，要先看看周围是不是
已经有人也想做这件事情，并且对方还获得了这件事情可预期的结
果。如果是，那就证明这件事是可行的，那么我们就有必要尽快将这
件事完成。

其实，每当我们做出一个重大决定的时候，最考验的就是我们的
认知能力。那些有智慧的人往往具备很强的认知能力，他们懂得借助
别人的力量，让自己站在巨人的肩膀上去思考，去成长，便能快速地
强大起来，从而使自己做出更多正确的决策。

我们想开一家门店，这就自然需要选择一个适合开店的
地方，那就要先判断一个地段有没有升值的潜力。怎么知道
一个门店能否赚到钱？如果你想开一家饭馆的话，有一个特
别简单的判断方法，那就是看这个店铺的周围有没有一些知
名餐饮店，有就表明大概率这个地段还能升值。

因为这些知名的餐饮企业在选址上是非常专业的，他们
有一整套属于自己的决策体系，如这个地段的客流量、人群
属性、消费潜力等诸多因素，他们都会进行一番长期的考察，
从而判断这个地方值不值得投资。

因此，如果我们能够借助诸如此类的专业机构和一些专业人士的

决策，来帮助自己去创业，就可以节省很大的力气。这就是高效认知带来的便利之处。

当我们想快速提升自己的时候，就可以采取高效认知升级法。一般来说，高效认知升级有两个工具可以使用：

一、第一性原理。认知心理学家认为，第一性原理是用来分析认识所有事物的本质的一种最高效的方法。所谓"第一性原理"认知工具，就是对事物本质认识的一套梳理程序，也就是按照重要程度——进行梳理，也就是从第一到最核心本质的梳理过程。这也是专家们在谈认知升级之前都要先谈对认知的认识的原因！

二、注意力。注意力是高效认知的第二个工具，它其实是与第一个工具相互结合使用的，也就是说，当高效认知升级通过第一性原理分析得出了一定的结果之后，这时候的注意力才是第一生产力。

那么，我们该如何使用高效认知工具呢？

最明智的做法就是：借势或借力！让自己站在巨人的肩膀上去做事。

我们可以选择在自己所在的领域做得比较好的佼佼者，然后，认真研究他们是怎么一步一步做起来的。再把做出结果的核心关键都一一地拆解出来，进行一个详细而透彻的分析，做完这一切之后，我们基本上就可以全盘掌握这些事情了。

接下来，我们应该做的就是去学习那些特别厉害的人，尤其是他们的认知和智慧都有什么过人之处，从中筛选出最高明的智慧和道理，并且，越是那些可以在不同的领域进行延展或迁移的知识，越要学会。因为常识的力量最重要，它往往可以让你在各个领域里凸显自己的能力。

通过模仿他人以及借助他人的力量的学习方法，可以使我们的决策能力越来越强，之后我们就可以用来实现自己的目的，让自己飞一样成长起来。

唤醒元认知，实现人生第二次飞跃

我们每个人都有很多行为习惯，而这些习惯大都来自我们的惯性思维方式，它们长期以来在我们的大脑中形成了一个个顽固的封闭循环，从而停滞不前。并且，这种固定性思维还会将我们引向不理性行为和消极的情绪，从而极大地阻碍目标的达成以及问题的解决，进而影响我们的人生发展。那么，我们要如何改变大脑的固定思维呢？

这里有一个不错的方法，那就是唤醒元认知！所谓"元认知"，其实就是对我们的认知进行认知的一种能力，也就是说，拥有元认知能力的人大都知道自己的想法从何而来，自己为什么会这么想等。因此，唤醒元认知的人，对自己的思维过程能够有一种清晰的了解与认识，所以才让人觉得这是一种非常厉害的能力！

小美为了提升自己，购买了一本自控力方面的书，阅读之后她知道了如何控制自己对美食的贪婪欲望。比如，为什么很多人很喜欢吃甜食呢？原来当看到甜食的时候，我们的大脑中就会不由自主地释放出一种叫作多巴胺的神经传导物质，它被释放出来之后，很快就会进入我们的大脑中并对一些能力进行控制，如注意力、动机和行动区域的能力，往往很快就会被它控制了。这时候，一旦遇到甜食，大脑中的多巴胺就会激发进食的欲望。但是，多巴胺让我们享受到美味的同时，也给我们带来了肥胖的困扰。

我们却丝毫没有觉察到身体的变化，仍然沉浸在贪婪的享受中。直到有一天，偶然称了体重，才知道已经严重超标了。虽然心里有些惊慌，但仍然不知原因出在哪里，直到有一天，我们在书中发现了一段对"吃甜食欲望"的内容描述，我们猛然醒悟：原来是一种叫多巴胺的物质在作怪。

那么，关键的时刻就到了：元认知能力就觉醒了！这时候，我们只要再多想两三分钟，就会清楚地发现我们的思考过程其实是有一定的连贯步骤的：想吃甜食—吃到了会开心—哎，好像不太对，这不过是让我们产生了一种快乐的幻觉，因为吃甜食会刺激大脑中多巴胺的释放，如此想吃越来越多的甜食，导致体重疯狂增加……但是，我的长期目标却并非如此，而是要健健康康地生活呀？那么，直到这个时候——完全清醒之后，这才是快乐的真正来源。

所谓唤醒元认知，大体上就是我们能清楚地知道一个词的概念，我们的脑海里能不断地涌现出一件事的来龙去脉。而且，越思考，情景就越清楚明了，那么通过不断地如此思考与反复演练，我们的元认知能力就会一步步往上升级，使我们的人生发展不断地步入更高的阶梯。

专家认为，元认知很有用，也很神奇，它就如老子所说的：知人者智、自知者明的道理。如果想唤醒元认知，让人生实现第二次飞跃，那么可以从以下三方面入手：

一、刻意练习必要知识。所谓"刻意练习"，课上要依据专注、反馈、纠正这三大原则，让自己进行有目的的练习，如一些专业知识或增长才华的学问等，从而有目的地进行练习，都可以促进元认知的觉醒。

二、经常反思自己。说话"吾日三省吾身"，就是说一天至少要反思自己三次。找出所发生事情的对错，在以后面临类似问题时，往往就能避免再次出错。因为反思复盘，能让我们有机会思考，过往的事情有什么良好的经验可以获得，或是有什么可贵的教训可以吸取，从而攫取生活中的智慧。

三、练习冥想法。冥想可以为我们带来极度的专注，继而帮我们提升元认知。因为冥想时需要放松身体，专注当下，尤其是把注意力完全集中到呼吸和感受上，从而对当下保持全然的觉知。至于具体练习方法，专家给出了以下三个建议：

1. 对当下的时间，要保持觉知，审视自己的第一反应，让自己产生明确的主张。

2. 对全天的日程，要保持时刻清醒，并且要时刻明确自己下一步要做的事情。

3. 对长远的目标，要保持深度思考，一定要想清楚该事情的长远意义和内在动机。